# 电梯运行与控制

主　编　郭英平　　王文举　　徐晓松

副主编　张井彦　　吴瑞超　　孙立民

参　编　汪洪青　　赵春霞　　苏秋立

　　　　李冬辉

北京理工大学出版社

BEIJING INSTITUTE OF TECHNOLOGY PRESS

## 内 容 简 介

本书是在深入企业实际调研基础上，根据电梯维修保养行业职业资格鉴定要求和工学结合课程改革的需求编写的。

本书内容的组织与安排采用任务导向的方法，将技能培养和知识获取整合到学习任务中，以实际工作中的典型故障现象为载体，设计了 6 个项目共 26 个典型工作任务，具体内容涵盖了电梯电源系统、电气安全保护系统、门控制系统、主控制系统、呼梯系统、照明系统和应急通信系统的常见故障，并通过各系统常见的典型工作任务的学习完成常见故障的处理。

**版权专有　侵权必究**

### 图书在版编目（CIP）数据

电梯运行与控制 / 郭英平，王文举，徐晓松主编. —北京：北京理工大学出版社，2019.5
（2020.3 重印）

ISBN 978-7-5682-6997-1

Ⅰ. ①电… Ⅱ. ①郭… ②王… ③徐… Ⅲ. ①电梯–运行–高等学校–教材 ②电梯–电气控制–高等学校–教材 Ⅳ. ①TU857

中国版本图书馆 CIP 数据核字（2019）第 077190 号

出版发行 / 北京理工大学出版社有限责任公司
社　　址 / 北京市海淀区中关村南大街 5 号
邮　　编 / 100081
电　　话 /（010）68914775（总编室）
　　　　　（010）82562903（教材售后服务热线）
　　　　　（010）68948351（其他图书服务热线）
网　　址 / http://www.bitpress.com.cn
经　　销 / 全国各地新华书店
印　　刷 / 北京虎彩文化传播有限公司
开　　本 / 787 毫米×1092 毫米　1/16
印　　张 / 9.75
字　　数 / 212 千字
版　　次 / 2019 年 5 月第 1 版　2020 年 3 月第 3 次印刷
定　　价 / 46.00 元

责任编辑 / 孟祥雪
　　　　　王美丽
文案编辑 / 王美丽
责任校对 / 周瑞红
责任印制 / 李志强

前言 Preface

　　本书包含目前电梯维修保养企业岗位中主要工作内容与典型工作形式的26个典型工作任务，并将之作为专业课程教学的载体，很好地解决了课程教学与职业岗位工作任务相脱节的问题。由于典型工作任务中包含了工作过程的工作对象、工具、工作方法和劳动组织等生产性要素，使课程内容与工作过程紧密结合，教学过程中实现了工学结合。

　　本教材在内容与形式上具有以下特色：

　　1. 任务引领。以工作任务引领知识、技能和态度，让学生在完成工作任务的过程中学习相关知识，发展学生的综合职业能力。

　　2. 结果驱动。通过完成工作任务所获得的成果，激发学生的成就感；通过完成具体的工作任务，培养学生的岗位工作能力。

　　3. 内容实用。紧紧围绕工作任务完成的需要来选择课程内容，不强调知识的系统性，而注重内容的针对性和实用性。

　　4. 学做一体。以工作任务为中心，实现理论与实践的一体化教学。

　　5. 教材与学材统一。既可以作为教材使用也可以作为学材使用，教学实用性更强。

　　6. 学生为本。教材的体例设计与内容的表现形式，充分考虑到学生的认知发展规律，图文并茂，版式活泼，能够激发学生的学习兴趣。

　　本书由项目、任务和知识链接三部分内容构成，其中包含6个项目共26个典型工作任务，共安排108学时。除了上述基本内容外，本教材还融入了考核评价标准，让教师的教和学生的学有的放矢，可操作性更强。

建议的课程课时安排如下：

| 内容 | | 授课学时 |
|---|---|---|
| 项目一 | 任务 1 | 4 |
| | 任务 2 | 4 |
| | 任务 3 | 4 |
| | 任务 4 | 4 |
| | 任务 5 | 4 |
| 项目二 | 任务 1 | 6 |
| | 任务 2 | 4 |
| | 任务 3 | 4 |
| | 任务 4 | 4 |
| | 任务 5 | 4 |
| | 任务 6 | 4 |
| 项目三 | 任务 1 | 6 |
| | 任务 2 | 4 |
| | 任务 3 | 4 |
| | 任务 4 | 4 |
| | 任务 5 | 4 |
| 项目四 | 任务 1 | 4 |
| | 任务 2 | 4 |
| | 任务 3 | 4 |
| 项目五 | 任务 1 | 4 |
| | 任务 2 | 4 |
| | 任务 3 | 4 |
| | 任务 4 | 4 |
| 项目六 | 任务 1 | 4 |
| | 任务 2 | 4 |
| | 任务 3 | 4 |
| 合计 | | 108 |

　　本书由郭英平、王文举、徐晓松担任主编，张井彦、吴瑞超、孙立民担任副主编，汪洪青、赵春霞、苏秋立、李冬辉参与编写。全书由郭英平负责统稿。

　　由于编者水平所限，书中难免有疏漏和不足之处，敬请广大读者给予批评指正。

编　者

# 目录 Contents

项目一

# 电梯控制电源电路分析与故障诊断

## 教学目标

- 了解电梯控制电源电路的组成;
- 理解电梯控制电源电路的工作原理;
- 掌握电梯控制电源电路故障分析和诊断方法与流程;
- 能够根据工作原理完成故障点判断并排除故障。

## 任务1　电梯控制柜主变压器输入端故障

### 任务描述

考虑到电梯使用年限较长,为保证设备运行稳定和工作安全,决定对电梯控制柜中的四个低压断路器NF1、NF2、NF3、NF4进行更换。在完成更换后,电梯上电试运行发现,电梯无法工作。请予以检查并维修。

## 实施流程

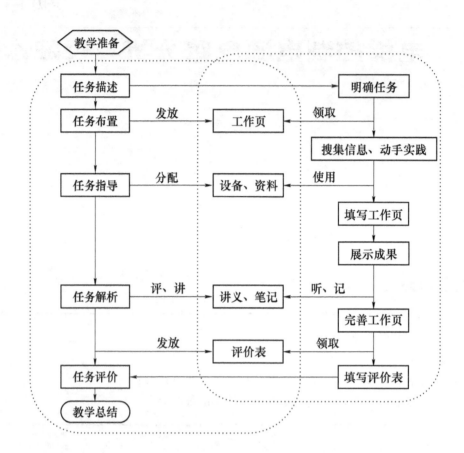

## 教学准备

### 一、资料准备

1. 电梯控制电路原理图。
2. 维修记录表。
3. 工作页。
4. 评价表。

### 二、工具准备

安全帽、工作帽、万用表、试电笔、螺丝刀（一字型、十字型各一把）。

## ⟳ **工作步骤**

**主变压器输入端故障检修——工作页**

班级＿＿＿＿＿＿＿＿　姓名＿＿＿＿＿＿＿＿＿　日期＿＿＿＿＿＿＿＿＿　成绩＿＿＿＿＿＿＿

| 工作步骤 | 工作内容 | 注意事项 |
|---|---|---|
| Step1：设置（检查）故障警示标志 | 在基站设置围栏；在工作层站设置维修警示牌 | |
| Step2：检查维保人员安全保护措施 | | 如有井道内作业，需系好安全带 |
| Step3：观察故障现象 | 1. 门机＿＿＿＿＿＿（工作、不工作）<br>2. 楼层显示器＿＿＿（工作、不工作）<br>3. 外呼按钮＿＿＿＿（工作、不工作）<br>4. 主控制板＿＿＿＿（工作、不工作）<br>5. 松闸＿＿＿＿＿＿（工作、不工作）<br>6. 安全、门锁回路<br>　　＿＿＿＿＿＿＿（工作、不工作） | |

| 工作步骤 | 工作内容 | 注意事项 |
|---|---|---|
| Step4：分析可能的故障原因 | 主变压器：<br>1.<br>2.<br>3.<br>4.<br>开关电源： | 通过观察电梯各部件或系统的工作情况，逆向推测其电源。例如，电梯不能松闸，则可能是抱闸控制回路的 DC 110 V 电源故障 |
| Step5：检查过程和方法 | 主变压器：<br>1. AC 220 V 输出 _____V<br>2. AC 110 V 输出 _____V<br>3. DC 110 V 输出 _____V<br>4. AC 380 V 输入 _____V<br>开关电源：<br>DC 24 V 输出 _____V | 使用万用表时，注意挡位和量程的选择 |
| Step6：确定故障点 | 从无电压测量点逆向测量，直至检测到电压正常点，则判断故障为在相邻的正常点与不正常点之间<br><br>故障点：_____ | |
| Step7：排除故障，上电试运行 | 排除方法：<br><br>上电试运行： | |

## 教学评价

**主变压器输入端故障检修——评价表**

班级_____ 姓名_____ 日期_____ 成绩_____

| 序号 | 教学环节 | 参与情况 | 考核内容 | 教学评价 | |
|---|---|---|---|---|---|
| | | | | 自我评价 | 教师评价 |
| 1 | 明确任务 | 参 与【 】<br>未参与【 】 | 领会任务意图 | | |
| | | | 掌握任务内容 | | |
| | | | 明确任务要求 | | |
| 2 | 搜集信息<br>动手实践 | 参 与【 】<br>未参与【 】 | 完成任务操作 | | |
| | | | 搜集任务信息 | | |
| | | | 记录实践数据 | | |
| 3 | 填写工作页 | 参 与【 】<br>未参与【 】 | 明确工作步骤 | | |
| | | | 完成工作任务 | | |
| | | | 填写工作内容 | | |
| 4 | 展示成果 | 参 与【 】<br>未参与【 】 | 聆听成果分享 | | |
| | | | 参与成果展示 | | |
| | | | 提出修改建议 | | |
| 5 | 整理笔记 | 参 与【 】<br>未参与【 】 | 聆听任务解析 | | |
| | | | 整理解析内容 | | |
| | | | 完成学习笔记 | | |
| 6 | 完善工作页 | 参 与【 】<br>未参与【 】 | 自查工作任务 | | |
| | | | 更正错误信息 | | |
| | | | 完善工作内容 | | |
| 备注 | 请在教学评价栏目中填写：A、B 或 C　　其中，A－能；B－勉强能；C－不能 | | | | |
| 学生心得 | | | | | |
| | | | | | |
| 教师寄语 | | | | | |
| | | | | | |

# 任务 2　电梯控制柜主变压器输出端故障

##  任务描述

在正常使用过程中，电梯突然停止运行。请予以检查并维修。

## 实施流程

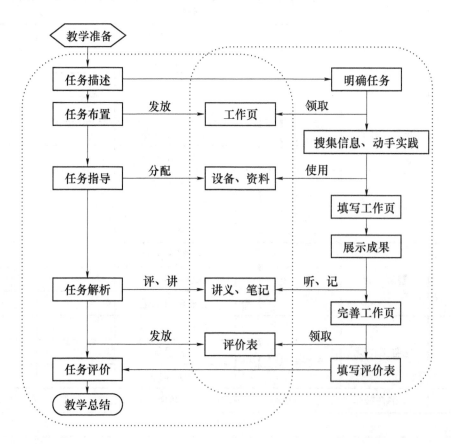

## 教学准备

### 一、资料准备

1. 电梯控制电路原理图。
2. 维修记录表。
3. 工作页。

4. 评价表。

## 二、工具准备

安全帽、工作帽、万用表、试电笔、螺丝刀（一字型、十字型各一把）。

## 🔄 工作步骤

**主变压器输出端故障检修——工作页**

班级＿＿＿＿＿＿＿＿　姓名＿＿＿＿＿＿＿＿　日期＿＿＿＿＿＿＿＿　成绩＿＿＿＿＿＿＿＿

| 工作步骤 | 工作内容 | 注意事项 |
|---|---|---|
| Step1：设置（检查）故障警示标志 | 在基站设置围栏；在工作层站设置维修警示牌 | |
| Step2：检查维保人员安全保护措施 | | 如有井道内作业，需系好安全带 |
| Step3：观察故障现象 | 1. 门机＿＿＿＿＿＿（工作、不工作）<br>2. 楼层显示器＿＿＿（工作、不工作）<br>3. 外呼按钮＿＿＿＿（工作、不工作）<br>4. 主控制板＿＿＿＿（工作、不工作）<br>5. 松闸＿＿＿＿＿＿（工作、不工作）<br>6. 安全、门锁回路<br>＿＿＿＿＿＿（工作、不工作） | |

| 工作步骤 | 工作内容 | 注意事项 |
|---|---|---|
| Step4：分析可能的故障原因 | 主变压器：<br>1.<br>2.<br>3.<br>4.<br>开关电源： | 通过观察电梯各部件或系统的工作情况，逆向推测其电源。例如，电梯不能松闸，则可能是抱闸控制回路的 DC 110 V 电源故障 |
| Step5：检查过程和方法 | 主变压器：<br>1. AC 220 V 输出 _____V<br>2. AC 110 V 输出 _____V<br>3. DC 110 V 输出 _____V<br>4. AC 380 V 输入 _____V<br>开关电源：<br>DC 24 V 输出 _____V | 使用万用表时，注意挡位和量程的选择 |
| Step6：确定故障点 | 从无电压测量点逆向测量，直至检测到电压正常点，则判断故障为在相邻的正常点与不正常点之间<br><br>故障点：_____ | |
| Step7：排除故障，上电试运行 | 排除方法：<br><br><br>上电试运行： | |

## 教学评价

### 主变压器输出端故障检修——评价表

班级_____ 姓名_____ 日期_____ 成绩_____

| 序号 | 教学环节 | 参与情况 | 考核内容 | 教学评价 | |
|------|---------|---------|---------|---------|---------|
| | | | | 自我评价 | 教师评价 |
| 1 | 明确任务 | 参 与【 】<br>未参与【 】 | 领会任务意图 | | |
| | | | 掌握任务内容 | | |
| | | | 明确任务要求 | | |
| 2 | 搜集信息<br>动手实践 | 参 与【 】<br>未参与【 】 | 完成任务操作 | | |
| | | | 搜集任务信息 | | |
| | | | 记录实践数据 | | |
| 3 | 填写工作页 | 参 与【 】<br>未参与【 】 | 明确工作步骤 | | |
| | | | 完成工作任务 | | |
| | | | 填写工作内容 | | |
| 4 | 展示成果 | 参 与【 】<br>未参与【 】 | 聆听成果分享 | | |
| | | | 参与成果展示 | | |
| | | | 提出修改建议 | | |
| 5 | 整理笔记 | 参 与【 】<br>未参与【 】 | 聆听任务解析 | | |
| | | | 整理解析内容 | | |
| | | | 完成学习笔记 | | |
| 6 | 完善工作页 | 参 与【 】<br>未参与【 】 | 自查工作任务 | | |
| | | | 更正错误信息 | | |
| | | | 完善工作内容 | | |
| 备注 | 请在教学评价栏目中填写：A、B 或 C　　其中，A—能；B—勉强能；C—不能 | | | | |
| 学生心得 | | | | | |
| | | | | | |
| 教师寄语 | | | | | |
| | | | | | |

# 任务3　电梯控制柜开关电源供电端故障

##  任务描述

在正常使用过程中，电梯突然停止运行。请予以检查并维修。

## 实施流程

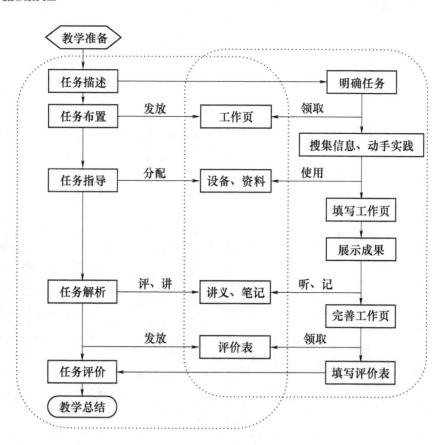

## 教学准备

### 一、资料准备

1. 电梯控制电路原理图。

2. 维修记录表。

3. 工作页。

4. 评价表。

## 二、工具准备

安全帽、工作帽、万用表、试电笔、螺丝刀（一字型、十字型各一把）。

## ↻ 工作步骤

### 开关电源供电端故障检修——工作页

班级＿＿＿＿＿＿＿＿　姓名＿＿＿＿＿＿＿＿＿＿　日期＿＿＿＿＿＿＿＿　成绩＿＿＿＿＿＿＿

| 工作步骤 | 工作内容 | 注意事项 |
| --- | --- | --- |
| Step1：设置（检查）故障警示标志 | 在基站设置围栏；在工作层站设置维修警示牌 | |
| Step2：检查维保人员安全保护措施 | | 如有井道内作业,需系好安全带 |
| Step3：观察故障现象 | 1. 门机＿＿＿＿＿＿（工作、不工作）<br>2. 楼层显示器＿＿＿（工作、不工作）<br>3. 外呼按钮＿＿＿＿（工作、不工作）<br>4. 主控制板＿＿＿＿（工作、不工作）<br>5. 松闸＿＿＿＿＿＿（工作、不工作）<br>6. 安全、门锁回路<br>　＿＿＿＿＿＿（工作、不工作） | |

| 工作步骤 | 工作内容 | 注意事项 |
|---|---|---|
| Step4：分析可能的故障原因 | 主变压器：<br>1.<br>2.<br>3.<br>4.<br>开关电源： | 通过观察电梯各部件或系统的工作情况，逆向推测其电源。例如，电梯不能松闸，则可能是抱闸控制回路的 DC 110 V 电源故障 |
| Step5：检查过程和方法 | 主变压器：<br>1. AC 220 V 输出 _____V<br>2. AC 110 V 输出 _____V<br>3. DC 110 V 输出 _____V<br>4. AC 380 V 输入 _____V<br>开关电源：<br>DC 24 V 输出 _____V | 使用万用表时，注意挡位和量程的选择 |
| Step6：确定故障点 | 从无电压测量点逆向测量，直至检测到电压正常点，则判断故障为在相邻的正常点与不正常点之间<br><br>故障点：_____ | |
| Step7：排除故障，上电试运行 | 排除方法：<br><br><br>上电试运行： | |

## 教学评价

**开关电源供电端故障检修——评价表**

班级＿＿＿＿＿＿＿＿ 姓名＿＿＿＿＿＿＿＿ 日期＿＿＿＿＿＿＿＿ 成绩＿＿＿＿＿＿＿

| 序号 | 教学环节 | 参与情况 | 考核内容 | 教学评价 | |
|---|---|---|---|---|---|
| | | | | 自我评价 | 教师评价 |
| 1 | 明确任务 | 参 与【 】 未参与【 】 | 领会任务意图 | | |
| | | | 掌握任务内容 | | |
| | | | 明确任务要求 | | |
| 2 | 搜集信息 动手实践 | 参 与【 】 未参与【 】 | 完成任务操作 | | |
| | | | 搜集任务信息 | | |
| | | | 记录实践数据 | | |
| 3 | 填写工作页 | 参 与【 】 未参与【 】 | 明确工作步骤 | | |
| | | | 完成工作任务 | | |
| | | | 填写工作内容 | | |
| 4 | 展示成果 | 参 与【 】 未参与【 】 | 聆听成果分享 | | |
| | | | 参与成果展示 | | |
| | | | 提出修改建议 | | |
| 5 | 整理笔记 | 参 与【 】 未参与【 】 | 聆听任务解析 | | |
| | | | 整理解析内容 | | |
| | | | 完成学习笔记 | | |
| 6 | 完善工作页 | 参 与【 】 未参与【 】 | 自查工作任务 | | |
| | | | 更正错误信息 | | |
| | | | 完善工作内容 | | |
| 备注 | 请在教学评价栏目中填写：A、B 或 C 其中，A—能；B—勉强能；C—不能 | | | | |
| 学生心得 | | | | | |
| | | | | | |
| 教师寄语 | | | | | |
| | | | | | |

# 任务4　电梯控制柜开关电源输出端故障

## 任务描述

电梯运行过程中，出现电梯外呼按钮无响应，楼层显示器熄灭故障。请予以检查并维修。

## 实施流程

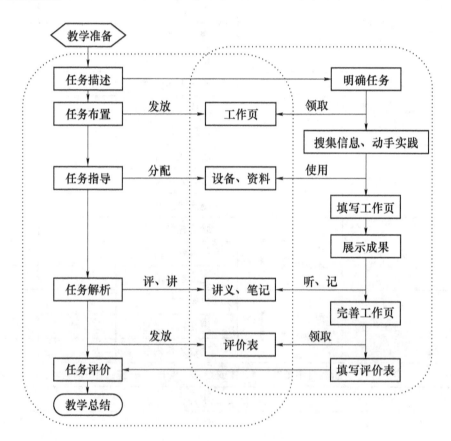

## 教学准备

### 一、资料准备

1. 电梯控制电路原理图。
2. 维修记录表。

3. 工作页。

4. 评价表。

## 二、工具准备

安全帽、工作帽、万用表、试电笔、螺丝刀（一字型、十字型各一把）。

## 🔁 工作步骤

### 开关电源输出端故障检修——工作页

班级_____姓名_____日期_____成绩_____

| 工作步骤 | 工作内容 | 注意事项 |
|---|---|---|
| Step1：设置（检查）故障警示标志 | 在基站设置围栏；在工作层站设置维修警示牌 | |
| Step2：检查维保人员安全保护措施 | | 如有井道内作业,需系好安全带 |
| Step3：观察故障现象 | 1. 门机_____（工作、不工作）<br>2. 楼层显示器___（工作、不工作）<br>3. 外呼按钮_____（工作、不工作）<br>4. 主控制板_____（工作、不工作）<br>5. 松闸_____（工作、不工作）<br>6. 安全、门锁回路_____（工作、不工作） | |

| 工作步骤 | 工作内容 | 注意事项 |
|---|---|---|
| Step4：分析可能的故障原因 | 主变压器：<br>1.<br>2.<br>3.<br>4.<br>开关电源： | 通过观察电梯各部件或系统的工作情况，逆向推测其电源。例如，电梯不能松闸，则可能是抱闸控制回路的 DC 110 V 电源故障 |
| Step5：检查过程和方法 | 主变压器：<br>1. AC 220 V 输出 _____V<br>2. AC 110 V 输出 _____V<br>3. DC 110 V 输出 _____V<br>4. AC 380 V 输入 _____V<br>开关电源：<br>DC 24 V 输出 _____V | 使用万用表时，注意挡位和量程的选择 |
| Step6：确定故障点 | 从无电压测量点逆向测量，直至检测到电压正常点，则判断故障为在相邻的正常点与不正常点之间<br><br>故障点：_____ | |
| Step7：排除故障，上电试运行 | 排除方法：<br><br><br>上电试运行： | |

## 📚 教学评价

### 开关电源输出端——评价表

班级＿＿＿＿＿＿＿＿＿　姓名＿＿＿＿＿＿＿＿＿　日期＿＿＿＿＿＿＿＿＿　成绩＿＿＿＿＿＿＿＿＿

| 序号 | 教学环节 | 参与情况 | 考核内容 | 教学评价 | |
|---|---|---|---|---|---|
| | | | | 自我评价 | 教师评价 |
| 1 | 明确任务 | 参　与【　】<br>未参与【　】 | 领会任务意图 | | |
| | | | 掌握任务内容 | | |
| | | | 明确任务要求 | | |
| 2 | 搜集信息<br>动手实践 | 参　与【　】<br>未参与【　】 | 完成任务操作 | | |
| | | | 搜集任务信息 | | |
| | | | 记录实践数据 | | |
| 3 | 填写工作页 | 参　与【　】<br>未参与【　】 | 明确工作步骤 | | |
| | | | 完成工作任务 | | |
| | | | 填写工作内容 | | |
| 4 | 展示成果 | 参　与【　】<br>未参与【　】 | 聆听成果分享 | | |
| | | | 参与成果展示 | | |
| | | | 提出修改建议 | | |
| 5 | 整理笔记 | 参　与【　】<br>未参与【　】 | 聆听任务解析 | | |
| | | | 整理解析内容 | | |
| | | | 完成学习笔记 | | |
| 6 | 完善工作页 | 参　与【　】<br>未参与【　】 | 自查工作任务 | | |
| | | | 更正错误信息 | | |
| | | | 完善工作内容 | | |
| 备注 | 请在教学评价栏目中填写：A、B 或 C　　其中，A－能；B－勉强能；C－不能 | | | | |
| 学生心得 | | | | | |
| | | | | | |
| | | | | | |
| 教师寄语 | | | | | |
| | | | | | |

# 任务 5　电梯电源回路故障检修

## 🔃 任务描述

　　某电梯大修，由于维修人员在元器件选择过程中的疏忽大意，在完成大修后发现电梯仍无法运行，请予以检查并维修。

## 🔃 实施流程

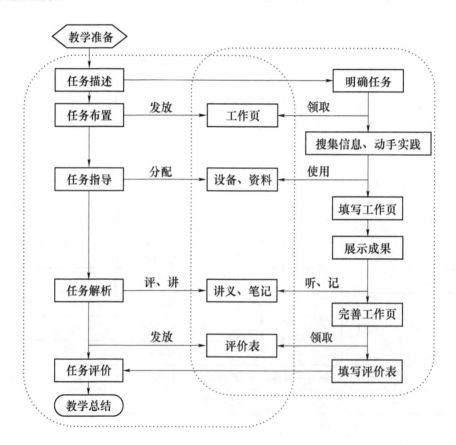

## 🔃 教学准备

### 一、资料准备

1. 电梯控制电路原理图。
2. 维修记录表。

3．工作页。

4．评价表。

## 二、工具准备

安全帽、工作帽、万用表、试电笔、螺丝刀（一字型、十字型各一把）。

## ♻ **工作步骤**

电源回路故障检修——工作页

班级_____姓名_____日期_____成绩_____

| 工作步骤 | 工作内容 | 注意事项 |
|---|---|---|
| Step1：设置（检查）故障警示标志 | 在基站设置围栏；在工作层站设置维修警示牌 | |
| Step2：检查维保人员安全保护措施 | | 如有井道内作业，需系好安全带 |
| Step3：观察故障现象 | 1．门机_____（工作、不工作）<br>2．楼层显示器____（工作、不工作）<br>3．外呼按钮_____（工作、不工作）<br>4．主控制板_____（工作、不工作）<br>5．松闸_____（工作、不工作）<br>6．安全、门锁回路<br>　　_____（工作、不工作） | |

| 工作步骤 | 工作内容 | 注意事项 |
|---|---|---|
| Step4：分析可能的故障原因 | 主变压器：<br>1.<br>2.<br>3.<br>4.<br>开关电源： | 通过观察电梯各部件或系统的工作情况，逆向推测其电源。例如，电梯不能松闸，则可能是抱闸控制回路的 DC 110 V 电源故障 |
| Step5：检查过程和方法 | 主变压器：<br>1. AC 220 V 输出 _____V<br>2. AC 110 V 输出 _____V<br>3. DC 110 V 输出 _____V<br>4. AC 380 V 输入 _____V<br>开关电源：<br>DC 24 V 输出 _____V | 使用万用表时，注意挡位和量程的选择 |
| Step6：确定故障点 | 从无电压测量点逆向测量，直至检测到电压正常点，则判断故障为在相邻的正常点与不正常点之间<br><br>故障点 1：_____<br>故障点 2：_____<br>故障点 3：_____ | |
| Step7：排除故障，上电试运行 | 排除方法：<br><br><br><br><br>上电试运行： | |

## 🔄 教学评价

**电源回路故障检修——评价表**

班级＿＿＿＿＿＿＿＿＿　姓名＿＿＿＿＿＿＿＿＿　日期＿＿＿＿＿＿＿＿＿　成绩＿＿＿＿＿＿＿

| 序号 | 教学环节 | 参与情况 | 考核内容 | 教学评价 | |
|------|----------|----------|----------|----------|----------|
| | | | | 自我评价 | 教师评价 |
| 1 | 明确任务 | 参　与【　】<br>未参与【　】 | 领会任务意图 | | |
| | | | 掌握任务内容 | | |
| | | | 明确任务要求 | | |
| 2 | 搜集信息<br>动手实践 | 参　与【　】<br>未参与【　】 | 完成任务操作 | | |
| | | | 搜集任务信息 | | |
| | | | 记录实践数据 | | |
| 3 | 填写工作页 | 参　与【　】<br>未参与【　】 | 明确工作步骤 | | |
| | | | 完成工作任务 | | |
| | | | 填写工作内容 | | |
| 4 | 展示成果 | 参　与【　】<br>未参与【　】 | 聆听成果分享 | | |
| | | | 参与成果展示 | | |
| | | | 提出修改建议 | | |
| 5 | 整理笔记 | 参　与【　】<br>未参与【　】 | 聆听任务解析 | | |
| | | | 整理解析内容 | | |
| | | | 完成学习笔记 | | |
| 6 | 完善工作页 | 参　与【　】<br>未参与【　】 | 自查工作任务 | | |
| | | | 更正错误信息 | | |
| | | | 完善工作内容 | | |
| 备注 | 请在教学评价栏目中填写：A、B或C　　其中，A—能；B—勉强能；C—不能 | | | | |
| 学生心得 | | | | | |
| | | | | | |
| 教师寄语 | | | | | |
| | | | | | |

## 知识链接

### 一、电梯的电源制式

我国的供电系统一般采用中性点直接接地的三相四线制，从安全防护方面考虑，电梯

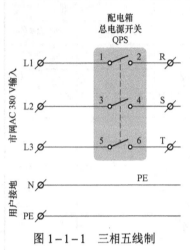

图 1-1-1　三相五线制

的电气设备应采用接零保护。在中性点接地系统中，当一相接地时，接地电流成为很大的单相短路电流，保护设备能准确而迅速地切断电流，保障人身和设备安全。接零保护时，地线还要在规定的地点采取重复接地。重复接地是将地线的一点或多点通过接地体与大地再次连接。然而在实际操作中常常存在一定的问题，有的引入三相四线，到电梯机房后，将零线与保护地线混合使用；有的用敷设的金属管外皮作零线使用。这是很危险的，很容易造成触电或损害电气设备。电梯安全供电应采用三相五线制（见图 1-1-1），直接将保护地线引入机房。三相分别是 L1、L2、L3；五线是三条相线（L1—黄色，L2—绿色，L3—红色）、一条工作零线（N—蓝色）、一条保护零线（PE—绿/黄双色）。

### 二、电梯的电源

电梯的电源一般分为动力电源和照明电源。动力电源采用三相五线制 AC 380 V/50 Hz，照明电源一般为单相 AC 220 V/50 Hz。机房内设有一只电源箱，内置三个断路器，分别负责给控制柜、轿厢照明和井道照明提供电源，另外有 AC 220 V 开关插座，如图 1-1-2 所示。

图 1-1-2　机房电源箱

检修时箱体应可上锁，以防止意外送电，造成触电事故。

关于电梯电源的主开关，《GB/T 7588—2003 电梯制造与安装安全规范》有明确要求：

在机房中，每台电梯都应单独装设一只能切断该电梯所有供电电路的主开关。该开关应具有切断电梯正常使用情况下最大电流的能力。

该开关不应切断下列供电电路：

（1）轿厢照明和通风（如有）；

（2）轿顶电源插座；

（3）机房和滑轮间照明；

（4）机房、滑轮间和底坑电源插座；

（5）电梯井道照明；

（6）报警装置。

### 三、控制电源电路分析

控制电源回路原理见附录图 A-1，由机房电源箱送来 AC 380 V 经主变压器 TR1 降压后产生三路输出，分别作为电梯各部分电路的电源。

具体分析如下：

（1）由机房电源箱送出的 AC 380 V 三相交流电经断路器 NF1 控制，一路送相序继电器 NPR（相线 T 不经 NF1 直接送 NPR），一路送主变压器 TR1 380 V 输入端。经主变压器降压后，分别产生 AC 220 V 和 AC 110 V 交流两路输出。

（2）AC 220 V 经断路器 NF2 控制，一路通过安全接触器 MC 常开触点作为变频门机、光幕控制器和控制柜排风扇电源；另一路直接作为开关电源 SPS 的电源。

（3）AC 110 V 经断路器 NF3 控制，一路直接为安全回路、门锁回路，以及运行接触器线圈和抱闸接触器线圈提供电源；另一路经过整流桥整流后输出 DC 110 V，经断路器 NF4 控制为抱闸控制回路提供电源。

（4）开关电源 SPS 输出为 DC 24 V，其中 P24 为正极，COM 和 N24 为负极。由 P24 与 COM 为主控制系统提供电源，而 P24 和 N24（受门锁继电器常闭触点控制通断）为内、外呼梯系统和楼层显示器提供电源。

（5）由机房电源箱送出的 AC 220 V 单相电源，经控制柜后作为井道照明电路、轿厢照明电路和应急电源电路的电源。

### 四、电梯电源电路故障的基本检修流程

电梯电源电路故障的排查，一般可有两种思路。

（1）在电源回路中，从前向后逐级检测各位置电压值，如有不符则分析故障成因并加以排除。

（2）通过电梯的整体运行状态或故障现象，直接判断故障点在电路中的大致区域，再通过检测确认故障点，并加以排除。

### 五、电梯机房的基本操作

维保人员在进行工作之前，必须身穿工作服，头戴安全帽，脚穿防滑电工鞋，如果

要进出轿顶还必须系好安全带，如图 1-1-3 所示。

维保人员在检修电梯时，必须在维修保养的电梯基站和相关层站门口处放置警戒线护栏和安全警示牌，防止在维修保养电梯时无关人员进入电梯轿厢或进入井道，如图 1-1-4 所示。

图 1-1-3　工作前准备　　　　　图 1-1-4　放置警戒线护栏

### （一）通电运行

开机时请先确认操纵箱、轿顶检修箱、底坑检修箱的所有开关处于正常位置，并告知其他人员，然后按以下顺序闭合各电源开关：

（1）侧身闭合机房的三相电源开关（AC 380 V）。

（2）侧身闭合照明电源开关（AC 220 V），如图 1-1-5 所示。

（3）将控制柜内的断路器开关置于 ON 位置，如图 1-1-6 所示。

图 1-1-5　侧身合闸操作示意图　　　　图 1-1-6　将断路器开关置于 ON 位置

### （二）断电和挂牌上锁

1. 侧身断电

操作者站在配电箱侧边，先提醒周围人员注意避开，然后确认开关位置，伸手拿住开关，头部偏向另一侧，眼睛不能看开关，然后拉闸断电，如图 1-1-7 所示。

2. 确认断电

验证电源是否被完全切断：用万用表对主电源相与相之间、相与地之间进行测量验证，确认断电后，再对控制柜中的主电源线进行验证，然后对变频器的断电进行验证，如图 1-1-8 所示。

图 1-1-7　侧身拉闸断电

图 1-1-8　确认断电

3. 挂牌上锁

确认完成断电工作后，挂牌上锁，然后可以安全地开展工作，如图 1-1-9 所示。

**（三）操作注意事项**

（1）在进行挂牌上锁程序前必须确定操作者身上无外露的金属件，以防止短路。

（2）在拉闸瞬间可能产生电弧，一定要侧身拉闸以免对操作者造成伤害。

（3）电源开关在断相情况下，设备仍可能会带电；检查相与相之间是否带电是为了避免接地被悬空。所以必须对主电源相与相之间、相与地之间进行检验。

（4）进行上锁、挂牌。钥匙必须本人保管，不得转交他人。

（5）完成工作后，由上锁本人分别开启自己的锁具。如果是 2 个或 2 个以上人员同时挂牌上锁，一般由最后开锁的人进行恢复，注意通断电都必须侧身操作。

图 1-1-9　挂牌上锁

⚙ **思考与练习**

1. 切断电梯主电源的开关，不应影响（　　）的供电电路。

A. 报警装置　　　　　　　　　　B. 电梯井道照明

C. 轿顶与底坑的电梯插座　　　　D. 包括 ABC

2. 由交流电源直接供电的驱动电动机，必须用（　　　）个独立的接触器串联切断电源，电梯运行停止时，如其中一个接触器的主触点未分断，则下一次反向不能启动。

A. 1　　　　　　　B. 2　　　　　　　C. 3　　　　　　　D. 4

3. 电梯底坑内应有以下装置：（　　　）。【多选】

A. 停止装置　　　　B. 电源插座　　　　C. 底坑灯开关　　　　D. 称重装置

E. 灭火器

4. 电梯的主开关不得切断（　　　　）的供电电路。【多选】

A. 轿厢照明和通风　　　　　　　　　B. 机房照明和电源插座

C. 轿顶和底坑的插座　　　　　　　　D. 电梯井道照明

E. 报警装置的供电电路

# 2

## 项目二

# 电梯安全门锁及抱闸控制
# 电路分析与故障诊断

### 教学目标

> 了解电梯安全回路、门锁回路及抱闸控制回路的组成；
> 理解安全回路、门锁回路及抱闸控制回路的控制过程和工作原理；
> 掌握电梯安全回路、门锁回路及抱闸控制回路的故障分析和诊断方法与流程；
> 能够根据工作原理完成故障点判断并排除故障。

## 任务1  安全回路断路型故障

### 任务描述

某电梯在完成一次半月保后，电梯试运行时，发现无法正常运行，请根据电梯故障现象和安全回路原理图对电梯进行检查并维修，使之能够正常运行。

## 实施流程

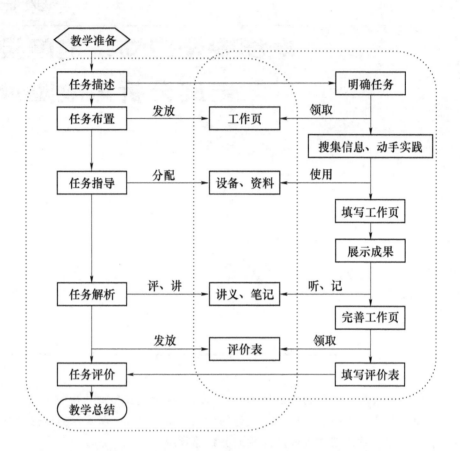

## 教学准备

### 一、资料准备

1. 安全门锁及抱闸控制回路原理图。
2. 维修记录表。
3. 工作页。
4. 评价表。

### 二、工具准备

安全帽、工作帽、万用表、试电笔、螺丝刀（一字型、十字型各一把）。

## 工作步骤

**安全回路断路型故障检修——工作页**

班级＿＿＿＿＿＿＿ 姓名＿＿＿＿＿＿＿ 日期＿＿＿＿＿＿＿ 成绩＿＿＿＿＿＿＿

| 工作步骤 | 工作内容 | 注意事项 |
|---|---|---|
| Step1：设置（检查）故障警示标志 | 在基站设置围栏；在工作层站设置维修警示牌 | |
| Step2：检查维保人员安全保护措施 | | 如有井道内作业，需系好安全带 |
| Step3：观察故障现象 | 1. 相序继电器指示灯 ＿＿＿＿＿＿＿（黄、红、不亮）<br>2. 安全接触器 MC ＿＿＿＿＿＿＿（吸合、不吸合）<br>3. 门机控制器 ＿＿＿＿＿＿＿（工作、不工作）<br>4. X23 端口指示灯 ＿＿＿＿＿＿＿（亮、不亮） | |

| 工作步骤 | 工作内容 | 注意事项 |
|---|---|---|
| Step4：分析可能的故障原因 | 电源电路：<br>1.<br>2.<br>安全回路：<br>1.<br>2.<br>3.<br>4. | 通过原理图，分析能够对安全回路产生影响的各种因素，推测可能的故障原因 |
| Step5：检查过程和方法 | 断电检测（蜂鸣器挡或电阻挡）：<br>1. NPR.14—110 _____ （通、断）<br>　（逐渐缩小测量范围，查找故障点）<br>　　1.1 _____ _____ （通、断）<br>　　1.2 _____ _____ （通、断）<br>　　1.3 _____ _____ （通、断）<br>　　1.4 _____ _____ （通、断）<br>　　1.5 _____ _____ （通、断）<br>2. MC.A2－－110 V－ _____ （通、断）<br>3. MC 线圈 _____Ω<br><br>带电检测（合适的电压挡）：<br>1. NF3.2 与 MC.A2　　　AC_____V<br>2. NPR.11 与 NPR.14　　AC_____V<br>3. MC.54 与 202　　　　AC_____V | 1. 断电检测和带电检测时，注意万用表需选择合适的挡位；<br>2. 带电检测时应选择合适的测量点，对于不同的测量点，可能会产生不同的判断；<br>3. 检测过程中，应尽量考虑周全，不要忽略测量点 |
| Step6：确定故障点 | 当发现电压不正常或测量不通时，判断该点可能有故障，可进一步查找原因<br><br>故障点： _____ | |
| Step7：排除故障，上电试运行 | 排除方法：<br><br><br><br>上电试运行： | |

## 🔁 教学评价

**安全回路断路型故障检修——评价表**

班级＿＿＿＿＿＿＿＿　姓名＿＿＿＿＿＿＿＿　日期＿＿＿＿＿＿＿＿　成绩＿＿＿＿＿＿＿＿

| 序号 | 教学环节 | 参与情况 | 考核内容 | 教学评价 | |
|---|---|---|---|---|---|
| | | | | 自我评价 | 教师评价 |
| 1 | 明确任务 | 参　与【　】<br>未参与【　】 | 领会任务意图 | | |
| | | | 掌握任务内容 | | |
| | | | 明确任务要求 | | |
| 2 | 搜集信息<br>动手实践 | 参　与【　】<br>未参与【　】 | 完成任务操作 | | |
| | | | 搜集任务信息 | | |
| | | | 记录实践数据 | | |
| 3 | 填写工作页 | 参　与【　】<br>未参与【　】 | 明确工作步骤 | | |
| | | | 完成工作任务 | | |
| | | | 填写工作内容 | | |
| 4 | 展示成果 | 参　与【　】<br>未参与【　】 | 聆听成果分享 | | |
| | | | 参与成果展示 | | |
| | | | 提出修改建议 | | |
| 5 | 整理笔记 | 参　与【　】<br>未参与【　】 | 聆听任务解析 | | |
| | | | 整理解析内容 | | |
| | | | 完成学习笔记 | | |
| 6 | 完善工作页 | 参　与【　】<br>未参与【　】 | 自查工作任务 | | |
| | | | 更正错误信息 | | |
| | | | 完善工作内容 | | |
| 备注 | 请在教学评价栏目中填写：A、B或C　　其中，A－能；B－勉强能；C－不能 | | | | |
| 学生心得 | | | | | |
| | | | | | |
| 教师寄语 | | | | | |
| | | | | | |

# 任务2　安全回路安全接触器故障

##  任务描述

　　一次意外停电后，某电梯再次上电时，发现电梯无法正常运行，请根据电梯故障现象和安全回路原理图对电梯进行检查并维修，使之能够正常运行。

## 实施流程

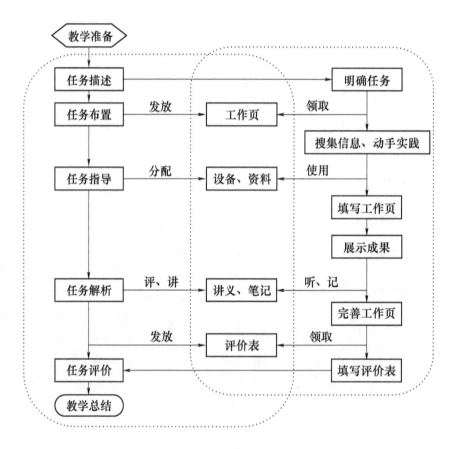

## 教学准备

### 一、资料准备

1. 安全门锁及抱闸控制回路原理图。
2. 维修记录表。

3. 工作页。

4. 评价表。

## 二、工具准备

安全帽、工作帽、万用表、试电笔、螺丝刀（一字型、十字型各一把）。

## 🔁 工作步骤

### 安全回路安全接触器故障——工作页

班级＿＿＿＿＿＿＿ 姓名＿＿＿＿＿＿＿ 日期＿＿＿＿＿＿＿ 成绩＿＿＿＿＿＿＿

| 工作步骤 | 工作内容 | 注意事项 |
|---|---|---|
| Step1：设置（检查）故障警示标志 | 在基站设置围栏；在工作层站设置维修警示牌 | |
| Step2：检查维保人员安全保护措施 | | 如有井道内作业，需系好安全带 |
| Step3：观察故障现象 | 1. 相序继电器指示灯 ＿＿＿＿＿＿（黄、红、不亮） <br> 2. 安全接触器 MC ＿＿＿＿＿＿（吸合、不吸合） <br> 3. 门机控制器 ＿＿＿＿＿＿（工作、不工作） <br> 4. X23 端口指示灯 ＿＿＿＿＿＿（亮、不亮） | |

| 工作步骤 | 工作内容 | 注意事项 |
|---|---|---|
| Step4：分析可能的故障原因 | 电源电路：<br>1.<br>2.<br>安全回路：<br>1.<br>2.<br>3.<br>4. | 通过原理图，分析能够对安全回路产生影响的各种因素，推测可能的故障原因 |
| Step5：检查过程和方法 | 断电检测（蜂鸣器挡或电阻挡）：<br>1. NPR.14—110 _____（通、断）<br>（逐渐缩小测量范围，查找故障点）<br>  1.1 _____  _____（通、断）<br>  1.2 _____  _____（通、断）<br>  1.3 _____  _____（通、断）<br>  1.4 _____  _____（通、断）<br>  1.5 _____  _____（通、断）<br>2. MC.A2－－110 V－ _____（通、断）<br>3. MC 线圈 _____Ω<br><br>带电检测（合适的电压挡）：<br>1. NF3.2 与 MC.A2    AC_____V<br>2. NPR.11 与 NPR.14    AC_____V<br>3. MC.54 与 202    AC_____V | 1. 断电检测和带电检测时，注意万用表需选择合适的挡位；<br>2. 带电检测时应选择合适的测量点，对于不同的测量点，可能会产生不同的判断；<br>3. 检测过程中，应尽量考虑周全，不要忽略测量点 |
| Step6：确定故障点 | 当发现电压不正常或测量不通时，判断该点可能有故障，可进一步查找原因<br><br>故障点：_____ | |
| Step7：排除故障，上电试运行 | 排除方法：<br><br><br><br>上电试运行： | |

## 教学评价

### 安全回路安全接触器故障——评价表

班级＿＿＿＿＿＿＿＿＿＿　姓名＿＿＿＿＿＿＿＿＿＿　日期＿＿＿＿＿＿＿＿＿＿　成绩＿＿＿＿＿＿＿＿＿＿

| 序号 | 教学环节 | 参与情况 | 考核内容 | 教学评价 | |
|---|---|---|---|---|---|
| | | | | 自我评价 | 教师评价 |
| 1 | 明确任务 | 参　与【　】<br>未参与【　】 | 领会任务意图 | | |
| | | | 掌握任务内容 | | |
| | | | 明确任务要求 | | |
| 2 | 搜集信息<br>动手实践 | 参　与【　】<br>未参与【　】 | 完成任务操作 | | |
| | | | 搜集任务信息 | | |
| | | | 记录实践数据 | | |
| 3 | 填写工作页 | 参　与【　】<br>未参与【　】 | 明确工作步骤 | | |
| | | | 完成工作任务 | | |
| | | | 填写工作内容 | | |
| 4 | 展示成果 | 参　与【　】<br>未参与【　】 | 聆听成果分享 | | |
| | | | 参与成果展示 | | |
| | | | 提出修改建议 | | |
| 5 | 整理笔记 | 参　与【　】<br>未参与【　】 | 聆听任务解析 | | |
| | | | 整理解析内容 | | |
| | | | 完成学习笔记 | | |
| 6 | 完善工作页 | 参　与【　】<br>未参与【　】 | 自查工作任务 | | |
| | | | 更正错误信息 | | |
| | | | 完善工作内容 | | |
| 备注 | 请在教学评价栏目中填写：A、B 或 C　　其中，A—能；B—勉强能；C—不能 | | | | |
| 学生心得 | | | | | |
| | | | | | |
| 教师寄语 | | | | | |
| | | | | | |

# 任务 3　门锁回路断路型故障

## 任务描述

　　电梯运行过程中，随着电梯门的开合，电梯各层站厅门锁及轿门锁也重复进行着断开、闭合的过程。保养不到位或门机械故障，都可能造成门锁接触不良或无法接触，甚至导致断路。通过本次任务，学生将能够更深入地认识此类故障的分析与检查过程。

## 实施流程

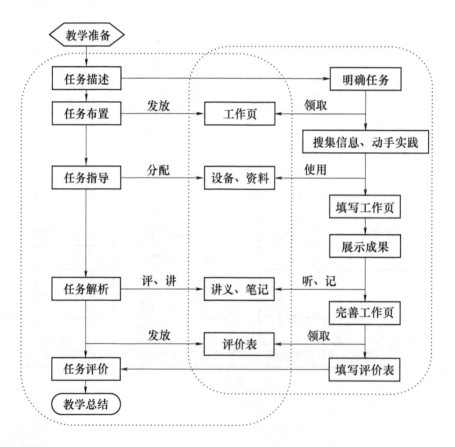

## 教学准备

### 一、资料准备

1. 安全门锁及抱闸控制回路原理图。

2. 维修记录表。

3. 工作页。

4. 评价表。

## 二、工具准备

安全帽、工作帽、万用表、试电笔、螺丝刀（一字型、十字型各一把）。

## 工作步骤

### 门锁回路断路型故障检修——工作页

班级＿＿＿＿＿＿＿＿＿　姓名＿＿＿＿＿＿＿＿＿　日期＿＿＿＿＿＿＿＿＿　成绩＿＿＿＿＿＿＿＿＿

| 工作步骤 | 工作内容 | 注意事项 |
|---|---|---|
| Step1：设置（检查）故障警示标志 | 在基站设置围栏；在工作层站设置维修警示牌 | |
| Step2：检查维保人员安全保护措施 | | 如有井道内作业，需系好安全带 |
| Step3：观察故障现象 | 1. 相序继电器指示灯 ＿＿＿＿＿＿（黄、红、不亮） 2. 门锁接触器 JMS ＿＿＿＿＿＿（吸合、不吸合） 3. X24 端口指示灯 ＿＿＿＿＿＿（亮、不亮） | |

| 工作步骤 | 工作内容 | 注意事项 |
|---|---|---|
| Step4：分析可能的故障原因 | 电源电路：<br>1.<br>2.<br>门锁回路：<br>1.<br>2.<br>3.<br>4. | 通过原理图，分析能够对安全回路产生影响的各种因素，推测可能的故障原因 |
| Step5：检查过程和方法 | 断电检测（蜂鸣器挡或电阻挡）：<br>1. NPR.14—112 ＿＿＿（通、断）<br>　（逐渐缩小测量范围，查找故障点）<br>　1.1 ＿＿＿＿　＿＿＿（通、断）<br>　1.2 ＿＿＿＿　＿＿＿（通、断）<br>　1.3 ＿＿＿＿　＿＿＿（通、断）<br>　1.4 ＿＿＿＿　＿＿＿（通、断）<br>　1.5 ＿＿＿＿　＿＿＿（通、断）<br>2. JMS.14－－110 V－＿＿＿（通、断）<br>3. JMS 线圈 ＿＿＿Ω<br><br>带电检测（合适的电压挡）：<br>1. NF3.2 与 JMS.14　　AC＿＿＿V<br>2. NPR.11 与 NPR.14　　AC＿＿＿V | 1. 断电检测和带电检测时，注意万用表需选择合适的挡位；<br>2. 带电检测时应选择合适的测量点，对于不同的测量点，可能会产生不同的判断；<br>3. 检测过程中，应尽量考虑周全，不要忽略测量点 |
| Step6：确定故障点 | 当发现电压不正常或测量不通时，判断该点可能有故障，可进一步查找原因<br><br>故障点：＿＿＿＿＿＿＿＿＿＿＿ | |
| Step7：排除故障，上电试运行 | 排除方法：<br><br><br><br>上电试运行： | |

## 🔄 教学评价

**门锁回路断路型故障检修——评价表**

班级＿＿＿＿＿＿＿＿　姓名＿＿＿＿＿＿＿＿　日期＿＿＿＿＿＿＿＿　成绩＿＿＿＿＿＿＿＿

| 序号 | 教学环节 | 参与情况 | 考核内容 | 教学评价 | |
|---|---|---|---|---|---|
| | | | | 自我评价 | 教师评价 |
| 1 | 明确任务 | 参　与【　】<br>未参与【　】 | 领会任务意图 | | |
| | | | 掌握任务内容 | | |
| | | | 明确任务要求 | | |
| 2 | 搜集信息<br>动手实践 | 参　与【　】<br>未参与【　】 | 完成任务操作 | | |
| | | | 搜集任务信息 | | |
| | | | 记录实践数据 | | |
| 3 | 填写工作页 | 参　与【　】<br>未参与【　】 | 明确工作步骤 | | |
| | | | 完成工作任务 | | |
| | | | 填写工作内容 | | |
| 4 | 展示成果 | 参　与【　】<br>未参与【　】 | 聆听成果分享 | | |
| | | | 参与成果展示 | | |
| | | | 提出修改建议 | | |
| 5 | 整理笔记 | 参　与【　】<br>未参与【　】 | 聆听任务解析 | | |
| | | | 整理解析内容 | | |
| | | | 完成学习笔记 | | |
| 6 | 完善工作页 | 参　与【　】<br>未参与【　】 | 自查工作任务 | | |
| | | | 更正错误信息 | | |
| | | | 完善工作内容 | | |
| 备注 | 请在教学评价栏目中填写：A、B或C　　其中，A—能；B—勉强能；C—不能 | | | | |
| 学生心得 | | | | | |
| | | | | | |
| 教师寄语 | | | | | |
| | | | | | |

# 任务 4　门锁回路门锁继电器故障

##  任务描述

电梯在工作过程中，不可避免地会有意外停电的情况出现。每一次的意外停电都可能对电梯的部件造成伤害，甚至损坏。通过本次任务，学生将学习门锁回路中继电器损坏类型的故障分析与检测方法。

## 实施流程

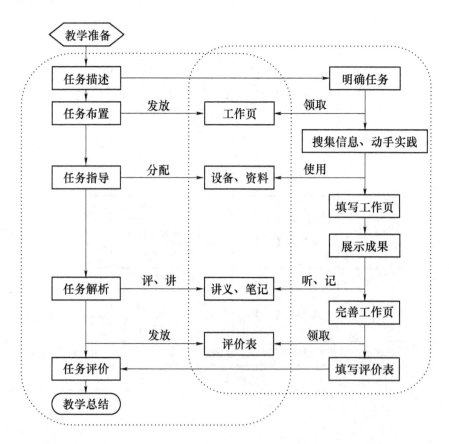

## 教学准备

### 一、资料准备

1. 安全门锁及抱闸控制回路原理图。

2. 维修记录表。

3. 工作页。

4. 评价表。

## 二、工具准备

安全帽、工作帽、万用表、试电笔、螺丝刀（一字型、十字型各一把）。

## 工作步骤

### 门锁回路门锁继电器故障——工作页

班级＿＿＿＿＿＿＿＿＿　姓名＿＿＿＿＿＿＿＿＿　日期＿＿＿＿＿＿＿＿＿　成绩＿＿＿＿＿＿＿＿＿

| 工作步骤 | 工作内容 | 注意事项 |
|---|---|---|
| Step1：设置（检查）故障警示标志 | 在基站设置围栏；在工作层站设置维修警示牌 | |
| Step2：检查维保人员安全保护措施 | | 如有井道内作业，需系好安全带 |
| Step3：观察故障现象 | 1. 相序继电器指示灯<br>＿＿＿＿＿＿＿＿（黄、红、不亮）<br>2. 门锁接触器 JMS<br>＿＿＿＿＿＿＿＿（吸合、不吸合）<br>3. X24 端口指示灯<br>＿＿＿＿＿＿＿＿（亮、不亮） | |

| 工作步骤 | 工作内容 | 注意事项 |
|---|---|---|
| Step4：分析可能的故障原因 | 电源电路：<br>1.<br>2.<br>门锁回路：<br>1.<br>2.<br>3.<br>4. | 　通过原理图，分析能够对安全回路产生影响的各种因素，推测可能的故障原因 |
| Step5：检查过程和方法 | 断电检测（蜂鸣器挡或电阻挡）：<br>1. NPR.14—112 _____（通、断）<br>　　（逐渐缩小测量范围，查找故障点）<br>　　1.1 _____ _____（通、断）<br>　　1.2 _____ _____（通、断）<br>　　1.3 _____ _____（通、断）<br>　　1.4 _____ _____（通、断）<br>　　1.5 _____ _____（通、断）<br>2. JMS.14－－110 V－_____（通、断）<br>3. JMS 线圈 _____Ω<br><br>带电检测（合适的电压挡）：<br>1. NF3.2 与 JMS.14 AC_____V<br>2. NPR.11 与 NPR.14 AC_____V | 　1. 断电检测和带电检测时，注意万用表需选择合适的挡位；<br>　2. 带电检测时应选择合适的测量点，对于不同的测量点，可能会产生不同的判断；<br>　3. 检测过程中，应尽量考虑周全，不要忽略测量点 |
| Step6：确定故障点 | 　当发现电压不正常或测量不通时，判断该点可能有故障，可进一步查找原因<br><br>故障点：_____ |  |
| Step7：排除故障，上电试运行 | 排除方法：<br><br><br><br><br>上电试运行： |  |

## 📖 教学评价

### 门锁回路门锁继电器故障——评价表

班级＿＿＿＿＿＿＿＿ 姓名＿＿＿＿＿＿＿＿ 日期＿＿＿＿＿＿＿＿ 成绩＿＿＿＿＿＿＿

| 序号 | 教学环节 | 参与情况 | 考核内容 | 教学评价 | |
|---|---|---|---|---|---|
| | | | | 自我评价 | 教师评价 |
| 1 | 明确任务 | 参　与【　】<br>未参与【　】 | 领会任务意图 | | |
| | | | 掌握任务内容 | | |
| | | | 明确任务要求 | | |
| 2 | 搜集信息<br>动手实践 | 参　与【　】<br>未参与【　】 | 完成任务操作 | | |
| | | | 搜集任务信息 | | |
| | | | 记录实践数据 | | |
| 3 | 填写工作页 | 参　与【　】<br>未参与【　】 | 明确工作步骤 | | |
| | | | 完成工作任务 | | |
| | | | 填写工作内容 | | |
| 4 | 展示成果 | 参　与【　】<br>未参与【　】 | 聆听成果分享 | | |
| | | | 参与成果展示 | | |
| | | | 提出修改建议 | | |
| 5 | 整理笔记 | 参　与【　】<br>未参与【　】 | 聆听任务解析 | | |
| | | | 整理解析内容 | | |
| | | | 完成学习笔记 | | |
| 6 | 完善工作页 | 参　与【　】<br>未参与【　】 | 自查工作任务 | | |
| | | | 更正错误信息 | | |
| | | | 完善工作内容 | | |
| 备注 | 请在教学评价栏目中填写：A、B 或 C　　其中，A—能；B—勉强能；C—不能 | | | | |
| 学生心得 | | | | | |
| | | | | | |
| 教师寄语 | | | | | |
| | | | | | |

# 任务5  安全门锁回路检测点故障

 **任务描述**

安全门锁回路作为整个电梯运行过程中的安全保障电路，时刻监控电梯的运行状态。当安全门锁回路出现故障或回路中的开关动作后，电梯将停止运行。通过本任务，学生将进一步加深对安全门锁回路的理解。

**实施流程**

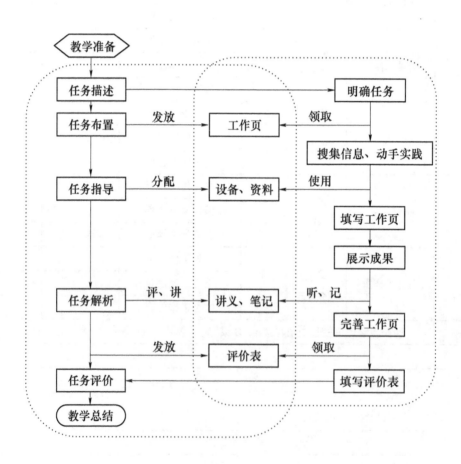

## 🕙 教学准备

### 一、资料准备

1. 安全门锁及抱闸控制回路原理图。
2. 维修记录表。
3. 工作页。
4. 评价表。

### 二、工具准备

安全帽、工作帽、万用表、试电笔、螺丝刀（一字型、十字型各一把）。

## 🕙 工作步骤

### 安全门锁回路检测点故障——工作页

班级＿＿＿＿＿＿＿＿　姓名＿＿＿＿＿＿＿＿　日期＿＿＿＿＿＿＿＿　成绩＿＿＿＿＿＿＿＿

| 工作步骤 | 工作内容 | 注意事项 |
|---|---|---|
| Step1：设置（检查）故障警示标志 | 在基站设置围栏；在工作层站设置维修警示牌 | |
| Step2：检查维保人员安全保护措施 | | 如有井道内作业，需系好安全带 |
| Step3：观察故障现象 | 1. 相序继电器指示灯 ＿＿＿＿＿＿（黄、红、不亮）<br>2. 门锁接触器 JMS ＿＿＿＿＿＿（吸合、不吸合）<br>3. X24 端口指示灯 ＿＿＿＿＿＿（亮、不亮）<br>4. X25 端口指示灯 ＿＿＿＿＿＿（亮、不亮）<br>5. X26 端口指示灯 ＿＿＿＿＿＿（亮、不亮）<br>6. X27 端口指示灯 ＿＿＿＿＿＿（亮、不亮） | |
| Step4：分析可能的故障原因 | 电源电路：<br>1.<br>2.<br>门锁回路：<br>1.<br>2.<br>3.<br>4. | 通过原理图，分析能够对安全回路产生影响的各种因素，推测可能的故障原因 |

续表

| 工作步骤 | 工作内容 | 注意事项 |
|---|---|---|
| Step5：检查过程和方法 | 断电检测（蜂鸣器挡或电阻挡）：<br>1. NPR.14—112 _____（通、断）<br>（逐渐缩小测量范围，查找故障点）<br>　1.1 _____　_____（通、断）<br>　1.2 _____　_____（通、断）<br>　1.3 _____　_____（通、断）<br>　1.4 _____　_____（通、断）<br>　1.5 _____　_____（通、断）<br>2. MC.A2—AC 110 V - _____（通、断）<br>3. MC 线圈 _____ Ω<br>4. JMS.14—AC 110 V - _____（通、断）<br>5. JMS 线圈 _____ Ω<br><br>带电检测（合适的电压挡）：<br>1. NF3.2 与 JMS.14　AC_____ V<br>2. NPR.11 与 NPR.14　AC_____ V<br>3. X25 与 AC 110 V -　AC_____ V<br>4. X26 与 AC 110 V -　AC_____ V<br>5. X27 与 AC 110 V -　AC_____ V | 1. 断电检测和带电检测时，注意万用表需选择合适的挡位；<br>2. 带电检测时应选择合适的测量点，对于不同的测量点，可能会产生不同的判断；<br>3. 检测过程中，应尽量考虑周全，不要忽略测量点 |
| Step6：确定故障点 | 当发现电压不正常或测量不通时，判断该点可能有故障，可进一步查找原因<br><br>故障点：_____ | |
| Step7：排除故障，上电试运行 | 排除方法：<br><br><br><br><br><br>上电试运行： | |

## 教学评价

### 安全门锁回路检测点故障——评价表

班级＿＿＿＿＿＿＿＿＿＿　姓名＿＿＿＿＿＿＿＿＿＿　日期＿＿＿＿＿＿＿＿＿＿　成绩＿＿＿＿＿＿＿＿

| 序号 | 教学环节 | 参与情况 | 考核内容 | 教学评价 | |
| --- | --- | --- | --- | --- | --- |
| | | | | 自我评价 | 教师评价 |
| 1 | 明确任务 | 参　与【　】<br>未参与【　】 | 领会任务意图 | | |
| | | | 掌握任务内容 | | |
| | | | 明确任务要求 | | |
| 2 | 搜集信息<br>动手实践 | 参　与【　】<br>未参与【　】 | 完成任务操作 | | |
| | | | 搜集任务信息 | | |
| | | | 记录实践数据 | | |
| 3 | 填写工作页 | 参　与【　】<br>未参与【　】 | 明确工作步骤 | | |
| | | | 完成工作任务 | | |
| | | | 填写工作内容 | | |
| 4 | 展示成果 | 参　与【　】<br>未参与【　】 | 聆听成果分享 | | |
| | | | 参与成果展示 | | |
| | | | 提出修改建议 | | |
| 5 | 整理笔记 | 参　与【　】<br>未参与【　】 | 聆听任务解析 | | |
| | | | 整理解析内容 | | |
| | | | 完成学习笔记 | | |
| 6 | 完善工作页 | 参　与【　】<br>未参与【　】 | 自查工作任务 | | |
| | | | 更正错误信息 | | |
| | | | 完善工作内容 | | |
| 备注 | 请在教学评价栏目中填写：A、B 或 C　　其中，A－能；B－勉强能；C－不能 | | | | |
| 学生心得 | | | | | |
| | | | | | |
| 教师寄语 | | | | | |
| | | | | | |

# 任務6　抱閘控制回路斷路型故障

 任務描述

　　電梯的抱閘控制回路通常是上電松閘，斷電抱閘。若曳引機上電而抱閘控制回路不能完成松閘，則電梯將報出故障指示。通過本次任務，學生將學習抱閘控制回路斷路型故障的分析與檢測方法。

 實施流程

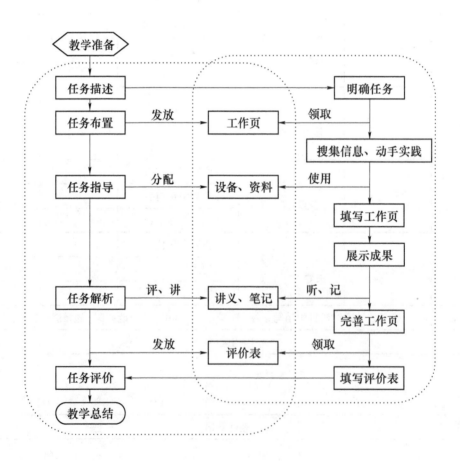

## 教学准备

### 一、资料准备

1. 安全门锁及抱闸控制回路原理图。
2. 维修记录表。
3. 工作页。
4. 评价表。

### 二、工具准备

安全帽、工作帽、万用表、试电笔、螺丝刀（一字型、十字型各一把）。

## 工作步骤

### 抱闸控制回路断路型故障——工作页

班级＿＿＿＿＿＿＿＿＿　姓名＿＿＿＿＿＿＿＿＿　日期＿＿＿＿＿＿＿＿＿　成绩＿＿＿＿＿＿＿＿

| 工作步骤 | 工作内容 | 注意事项 |
| --- | --- | --- |
| Step1：设置（检查）故障警示标志 | 在基站设置围栏；在工作层站设置维修警示牌 | |
| Step2：检查维保人员安全保护措施 | | 如有井道内作业，需系好安全带 |
| Step3：观察故障现象 | 1. 安全回路 ＿＿＿＿＿＿（通、断）<br>2. 门锁回路 ＿＿＿＿＿＿（通、断）<br>3. 运行接触器 CC ＿＿＿＿＿＿<br>4. 抱闸接触器 JBZ ＿＿＿＿＿＿<br>注：CC、JBZ 现象可能是连续的动作过程 | 判断依据：<br>1.<br>2.<br>3.<br>4. |

续表

| 工作步骤 | 工作内容 | 注意事项 |
|---|---|---|
| Step4：分析可能的故障原因 | 1.<br><br>2.<br><br>3.<br><br>4. | |
| Step5：检查过程和方法 | 断电测量：<br>1. NF4.2 与 CC.13 ＿＿＿（通、断）<br>2. CC.14 与 JBZ.2 ＿＿＿（通、断）<br>3. JBZ.1 与端子 05 ＿＿＿（通、断）<br>4. 端子 04 与 JBZ.3 ＿＿＿（通、断）<br>5. JBZ.4 与 DC 110 V－ ＿＿＿（通、断）<br>6. 04 与 05 ＿＿＿＿Ω<br>上电测量：<br>1. NF4.2 与 DC 110 V－ DC＿＿＿V<br>2. CC.13 与 DC 110 V－ DC＿＿＿V<br>3. CC.14 与 DC 110 V－ DC＿＿＿V<br>4. JBZ.2 与 DC 110 V－ DC＿＿＿V<br>5. JBZ.1 与 DC 110 V－ DC＿＿＿V<br>6. JBZ.3 与 DC 110 V－ DC＿＿＿V<br>7. JBZ.4 与 DC 110 V－ DC＿＿＿V | 测量 04 与 05 之间的电阻时，需注意测量方向 |
| Step6：确定故障点 | 当发现电压不正常或测量不通时，判断该点可能有故障，可进一步查找原因<br><br>故障点：＿＿＿＿＿＿＿＿＿＿＿ | |
| Step7：排除故障，上电试运行 | 排除方法：<br><br><br><br>上电试运行： | |

## 教学评价

**抱闸控制回路断路型故障——评价表**

班级＿＿＿＿＿＿＿　姓名＿＿＿＿＿＿＿　日期＿＿＿＿＿＿＿　成绩＿＿＿＿＿＿＿

| 序号 | 教学环节 | 参与情况 | 考核内容 | 教学评价 | |
|---|---|---|---|---|---|
| | | | | 自我评价 | 教师评价 |
| 1 | 明确任务 | 参　与【　】<br>未参与【　】 | 领会任务意图 | | |
| | | | 掌握任务内容 | | |
| | | | 明确任务要求 | | |
| 2 | 搜集信息<br>动手实践 | 参　与【　】<br>未参与【　】 | 完成任务操作 | | |
| | | | 搜集任务信息 | | |
| | | | 记录实践数据 | | |
| 3 | 填写工作页 | 参　与【　】<br>未参与【　】 | 明确工作步骤 | | |
| | | | 完成工作任务 | | |
| | | | 填写工作内容 | | |
| 4 | 展示成果 | 参　与【　】<br>未参与【　】 | 聆听成果分享 | | |
| | | | 参与成果展示 | | |
| | | | 提出修改建议 | | |
| 5 | 整理笔记 | 参　与【　】<br>未参与【　】 | 聆听任务解析 | | |
| | | | 整理解析内容 | | |
| | | | 完成学习笔记 | | |
| 6 | 完善工作页 | 参　与【　】<br>未参与【　】 | 自查工作任务 | | |
| | | | 更正错误信息 | | |
| | | | 完善工作内容 | | |
| 备注 | 请在教学评价栏目中填写：A、B 或 C　　其中，A－能；B－勉强能；C－不能 | | | | |
| 学生心得 | | | | | |
| | | | | | |
| 教师寄语 | | | | | |
| | | | | | |

## ✍ 知识链接

### 一、电梯安全回路原理分析

根据《GB 7588—2003 电梯制造与安装安全规范》给出的定义，电气安全回路是串联所有电气安全装置的回路。同时，由《GB/T 10060—2001 电梯安装验收规范》5.7.2 电气安全装置的作用规定，当附录 A（见本书附录 B）列出的电气安全装置中的某一个动作时，应防止电梯驱动主机的启动或使其立即停止运转，同时应切断制动器的供电。

亚龙 YL-777 型电梯的电气安全回路由 AC 110 V 电源提供电压，低压断路器 NF3.2 控制电源通断。电路依次由相序继电器、控制柜急停、盘车轮开关、上极限开关、下极限开关、缓冲器开关、限速器开关、安全钳开关、轿顶急停、轿内急停、底坑急停盒急停、底坑检修盒急停、底坑张紧轮开关等电气安全装置串联安全接触器线圈构成。

当电路中的任一安全装置动作时，整个串联电路将断路，安全接触器线圈失电，一是控制电源回路的 AC 220 V 输出断开，门机失电停止工作；二是使主电路与供电端断开，停止驱动主机供电；三是使主控系统中的 X23 端口失去有效电压，不能满足运行条件。此结构简单直接地实现了《GB/T 10060—2001 电梯安装验收规范》5.7.2 对电气安全装置的作用所作出的规定。

电气安全回路是电梯使用过程中最直接的电气保护方式，出现故障的情况较多，对电气安全回路故障的检修是电梯维修保养人员必须掌握的技能。

### 二、电梯门锁回路原理分析

与电气安全回路结构类似，电梯的电气门锁回路与安全回路串联，如附录图 A-4 所示。电路中把电梯中所有的层门、轿门电气联锁装置及轿门防扒门锁与门锁继电器线圈串联成一个回路。当有门打开或未关闭到位时，该电路断路，门锁继电器线圈失电，主控制系统 X24 端口失去有效电压，使之不能满足运行条件，电梯停止运行。

## ⚙ 思考与练习

1.（　　）是装在机房内，当电梯的运行速度超过额定速度一定值时其动作能导致安全钳动作的安全装置，能产生机械动作，切断控制电路。

A. 电磁制动器　　　B. 选层器　　　　　C. 限速器　　　　　D. 缓冲器

2. 限速器上的电气安全装置（电气开关）在轿厢上行和下行两个方向（　　）时，均能动作。

A. 超速　　　　　　B. 超载　　　　　　C. 停止　　　　　　D. 平层

3. 电梯的安全接触器回路通常包含下列安全开关（    ）。【多选】

A. 安全钳开关　　　　B. 急停开关　　　　C. 上限位开关　　　　D. 极限开关

E. 限速器开关　　　　F. 相序继电器　　　G. 缓冲器联动开关

4. 当轿厢墩底时，对轿厢起保护作用的安全部件是（    ）。

A. 轿底防振胶　　　B. 强迫减速开关　　C. 极限开关　　　　　D. 缓冲器

# 电梯主控制系统电路分析与故障诊断

## 教学目标

> 了解电梯主控制系统的电路组成；
> 理解电梯主控制回路的控制过程和工作原理；
> 掌握电梯主控制回路的故障分析和诊断方法与流程；
> 能够根据工作原理完成故障点判断并排除故障。

## 任务1 限位开关故障

## 任务描述

电梯在运行过程中，时常会发生运行至上下端站后就停止运行的现象。请根据电梯电路原理并结合故障现象，对此故障进行分析和检修。

## 实施流程

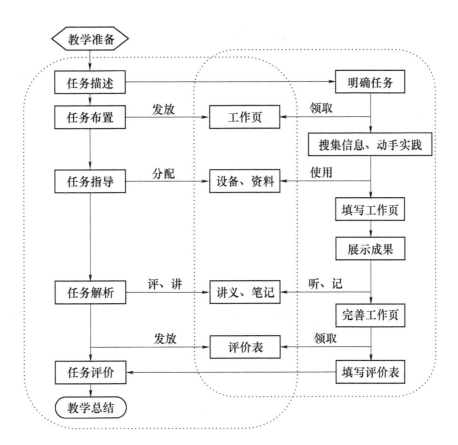

## 教学准备

### 一、资料准备

1. 电梯主控制回路原理图。
2. 维修记录表。
3. 工作页。
4. 评价表。

### 二、工具准备

安全帽、工作帽、万用表、试电笔、螺丝刀（一字型、十字型各一把）。

## 工作步骤

限位开关故障——工作页

班级＿＿＿＿＿＿＿＿＿　姓名＿＿＿＿＿＿＿＿＿＿　日期＿＿＿＿＿＿＿＿＿＿　成绩＿＿＿＿＿＿＿

| 工作步骤 | 工作内容 | 注意事项 |
| --- | --- | --- |
| Step1：设置（检查）故障警示标志 | 在基站设置围栏；在工作层站设置维修警示牌 | |
| Step2：检查维保人员安全保护措施 | | 如有井道内作业，需系好安全带 |
| Step3：观察故障现象 | 1. 电梯运行状态<br>＿＿＿＿＿（停止、正常）<br>2. 楼层显示状态是否正常<br>＿＿＿＿＿（是、否）<br>3. 内、外呼状态<br>＿＿＿＿＿＿＿＿＿＿<br>4. 主控制板 X 端口状态(X1～X24)<br>＿＿＿＿＿＿＿＿＿＿ | |

| 工作步骤 | 工作内容 | 注意事项 |
|---|---|---|
| Step4：分析可能的故障原因 | 1.<br><br>2.<br><br>3. | |
| Step5：检查过程和方法 | 1. 找出 X 端状态不正确的端口<br><br>2. 带电测量该端口对应的传感器<br><br>3. 检查该端口对应的线路 | |
| Step6：确定故障点 | 根据上一步的检查结果，确定可能存在故障的点，可进一步查找原因<br><br>故障点： | |
| Step7：排除故障，上电试运行 | 排除方法：<br><br>上电试运行： | |

## 教学评价

### 限位开关故障——评价表

班级＿＿＿＿＿＿＿　姓名＿＿＿＿＿＿＿　日期＿＿＿＿＿＿＿　成绩＿＿＿＿＿＿＿

| 序号 | 教学环节 | 参与情况 | 考核内容 | 教学评价 | |
|---|---|---|---|---|---|
| | | | | 自我评价 | 教师评价 |
| 1 | 明确任务 | 参　与【　】<br>未参与【　】 | 领会任务意图 | | |
| | | | 掌握任务内容 | | |
| | | | 明确任务要求 | | |
| 2 | 搜集信息<br>动手实践 | 参　与【　】<br>未参与【　】 | 完成任务操作 | | |
| | | | 搜集任务信息 | | |
| | | | 记录实践数据 | | |
| 3 | 填写工作页 | 参　与【　】<br>未参与【　】 | 明确工作步骤 | | |
| | | | 完成工作任务 | | |
| | | | 填写工作内容 | | |
| 4 | 展示成果 | 参　与【　】<br>未参与【　】 | 聆听成果分享 | | |
| | | | 参与成果展示 | | |
| | | | 提出修改建议 | | |
| 5 | 整理笔记 | 参　与【　】<br>未参与【　】 | 聆听任务解析 | | |
| | | | 整理解析内容 | | |
| | | | 完成学习笔记 | | |
| 6 | 完善工作页 | 参　与【　】<br>未参与【　】 | 自查工作任务 | | |
| | | | 更正错误信息 | | |
| | | | 完善工作内容 | | |
| 备注 | 请在教学评价栏目中填写：A、B或C　　其中，A—能；B—勉强能；C—不能 | | | | |
| 学生心得 | | | | | |
| | | | | | |
| 教师寄语 | | | | | |
| | | | | | |

# 任务2　强迫减速开关故障

## 🌀 任务描述

电梯运行时发生故障，当电梯离开底层端站向上运行时，达到上一层平层位置后，轿厢不开门，直接返回底层端站，平层却不开门，再次向上运行后又返回，多次重复运行后停止运行。请根据电梯电路原理并结合故障现象，对此故障进行分析和检修。

## 🌀 实施流程

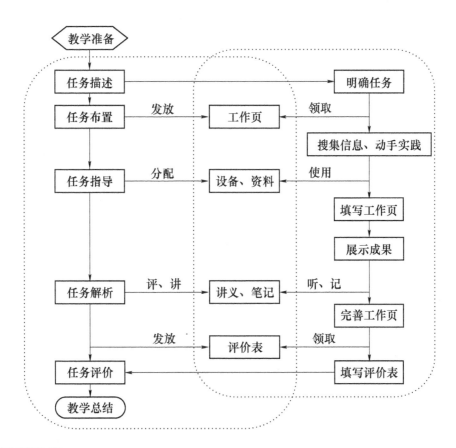

## 🌀 教学准备

### 一、资料准备

1. 电梯主控制回路原理图。

2. 维修记录表。

3. 工作页。

4. 评价表。

## 二、工具准备

安全帽、工作帽、万用表、试电笔、螺丝刀（一字型、十字型各一把）。

## 🔄 工作步骤

### 强迫减速开关故障——工作页

班级＿＿＿＿＿＿　姓名＿＿＿＿＿＿＿＿　日期＿＿＿＿＿＿＿＿　成绩＿＿＿＿＿＿＿

| 工作步骤 | 工作内容 | 注意事项 |
|---|---|---|
| Step1：设置（检查）故障警示标志 | 在基站设置围栏；在工作层站设置维修警示牌 | |
| Step2：检查维保人员安全保护措施 | | 如有井道内作业，需系好安全带 |
| Step3：观察故障现象 | 1. 电梯运行状态<br>＿＿＿＿＿＿（正常、不正常）<br>具体情况：＿＿＿＿＿＿＿＿＿＿<br>2. 楼层显示状态是否正常<br>＿＿＿＿＿＿（是、否）<br>3. 内、外呼状态<br>＿＿＿＿＿＿＿＿＿＿＿＿＿＿<br>4. 主控制板 X 端口状态（X1～X24）<br>＿＿＿＿＿＿＿＿＿＿＿＿＿＿ | |

| 工作步骤 | 工作内容 | 注意事项 |
|---|---|---|
| Step4：分析可能的故障原因 | 1.<br><br>2.<br><br>3. | |
| Step5：检查过程和方法 | 1. 找出 X 端状态不正确的端口<br><br>2. 带电测量该端口对应的传感器<br><br>3. 检查该端口对应的线路 | |
| Step6：确定故障点 | 　根据上一步的检查结果，确定可能存在故障的点，可进一步查找原因<br><br><br>故障点：_____ | |
| Step7：排除故障，上电试运行 | 排除方法：<br><br><br>上电试运行： | |

## 教学评价

强迫减速开关故障——评价表

班级＿＿＿＿＿＿＿＿＿　姓名＿＿＿＿＿＿＿＿＿　日期＿＿＿＿＿＿＿＿＿　成绩＿＿＿＿＿＿＿＿＿

| 序号 | 教学环节 | 参与情况 | 考核内容 | 教学评价 | |
|---|---|---|---|---|---|
| | | | | 自我评价 | 教师评价 |
| 1 | 明确任务 | 参　与【　】<br>未参与【　】 | 领会任务意图 | | |
| | | | 掌握任务内容 | | |
| | | | 明确任务要求 | | |
| 2 | 搜集信息<br>动手实践 | 参　与【　】<br>未参与【　】 | 完成任务操作 | | |
| | | | 搜集任务信息 | | |
| | | | 记录实践数据 | | |
| 3 | 填写工作页 | 参　与【　】<br>未参与【　】 | 明确工作步骤 | | |
| | | | 完成工作任务 | | |
| | | | 填写工作内容 | | |
| 4 | 展示成果 | 参　与【　】<br>未参与【　】 | 聆听成果分享 | | |
| | | | 参与成果展示 | | |
| | | | 提出修改建议 | | |
| 5 | 整理笔记 | 参　与【　】<br>未参与【　】 | 聆听任务解析 | | |
| | | | 整理解析内容 | | |
| | | | 完成学习笔记 | | |
| 6 | 完善工作页 | 参　与【　】<br>未参与【　】 | 自查工作任务 | | |
| | | | 更正错误信息 | | |
| | | | 完善工作内容 | | |
| 备注 | 请在教学评价栏目中填写：A、B 或 C　　其中，A—能；B—勉强能；C—不能 | | | | |
| 学生心得 | | | | | |
| | | | | | |
| 教师寄语 | | | | | |
| | | | | | |

# 任务 3　超载开关故障

## 任务描述

电梯在空载情况下提示超载，同时不关门。请根据电梯电路原理并结合故障现象，对此故障进行分析和检修。

## 实施流程

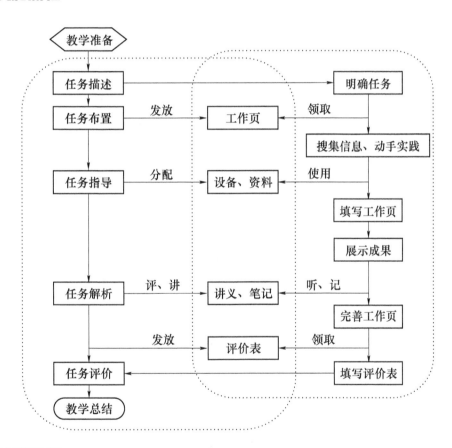

## 教学准备

### 一、资料准备

1. 电梯主控制回路原理图、超载系统接线图。
2. 维修记录表。

3. 工作页。

4. 评价表。

## 二、工具准备

安全帽、工作帽、万用表、试电笔、螺丝刀（一字型、十字型各一把）。

## ↻ 工作步骤

### 超载开关故障——工作页

班级＿＿＿＿＿＿＿＿ 姓名＿＿＿＿＿＿＿ 日期＿＿＿＿＿＿ 成绩＿＿＿＿＿

| 工作步骤 | 工作内容 | 注意事项 |
|---|---|---|
| Step1：设置（检查）故障警示标志 | 在基站设置围栏；在工作层站设置维修警示牌 | |
| Step2：检查维保人员安全保护措施 | | 如有井道内作业，需系好安全带 |
| Step3：观察故障现象 | 1. 电梯运行状态 ＿＿＿＿＿＿（正常、不正常）<br>具体情况：＿＿＿＿＿＿＿＿＿<br>2. 电梯门运行状态 ＿＿＿＿＿＿（正常、不正常）<br>具体情况：＿＿＿＿＿＿＿＿＿<br>3. 楼层显示状态是否正常 ＿＿＿＿＿＿（是、否）<br>具体情况：＿＿＿＿＿＿＿＿＿<br>4. 内、外呼状态 ＿＿＿＿＿＿＿＿＿＿＿＿<br>5. 主控制板 X 端口状态（X1～X24）＿＿＿＿＿＿＿＿＿＿＿＿ | |

| 工作步骤 | 工作内容 | 注意事项 |
|---|---|---|
| Step4：分析可能的故障原因 | 1.<br><br>2.<br><br>3. | |
| Step5：检查过程和方法 | 1. 找出 X 端状态不正确的端口<br><br>2. 测量该端口对应的传感器<br><br>3. 检查该端口对应的线路 | |
| Step6：确定故障点 | 根据上一步的检查结果,确定可能存在故障的点,可进一步查找原因<br><br><br>故障点: | |
| Step7：排除故障,上电试运行 | 排除方法:<br><br><br><br>上电试运行: | |

## 教学评价

**超载开关故障——评价表**

班级＿＿＿＿＿＿＿　姓名＿＿＿＿＿＿＿　日期＿＿＿＿＿＿＿　成绩＿＿＿＿＿＿＿

| 序号 | 教学环节 | 参与情况 | 考核内容 | 教学评价 | |
|---|---|---|---|---|---|
| | | | | 自我评价 | 教师评价 |
| 1 | 明确任务 | 参　与【　】<br>未参与【　】 | 领会任务意图 | | |
| | | | 掌握任务内容 | | |
| | | | 明确任务要求 | | |
| 2 | 搜集信息<br>动手实践 | 参　与【　】<br>未参与【　】 | 完成任务操作 | | |
| | | | 搜集任务信息 | | |
| | | | 记录实践数据 | | |
| 3 | 填写工作页 | 参　与【　】<br>未参与【　】 | 明确工作步骤 | | |
| | | | 完成工作任务 | | |
| | | | 填写工作内容 | | |
| 4 | 展示成果 | 参　与【　】<br>未参与【　】 | 聆听成果分享 | | |
| | | | 参与成果展示 | | |
| | | | 提出修改建议 | | |
| 5 | 整理笔记 | 参　与【　】<br>未参与【　】 | 聆听任务解析 | | |
| | | | 整理解析内容 | | |
| | | | 完成学习笔记 | | |
| 6 | 完善工作页 | 参　与【　】<br>未参与【　】 | 自查工作任务 | | |
| | | | 更正错误信息 | | |
| | | | 完善工作内容 | | |
| 备注 | 请在教学评价栏目中填写：A、B或C　　其中，A—能；B—勉强能；C—不能 | | | | |
| 学生心得 | | | | | |
| | | | | | |
| 教师寄语 | | | | | |
| | | | | | |

# 任务 4　光 幕 故 障

## 任务描述

电梯在某一平层位置，反复开关门若干次后，提示故障。请根据电梯电路原理并结合故障现象，对此故障进行分析和检修。

## 实施流程

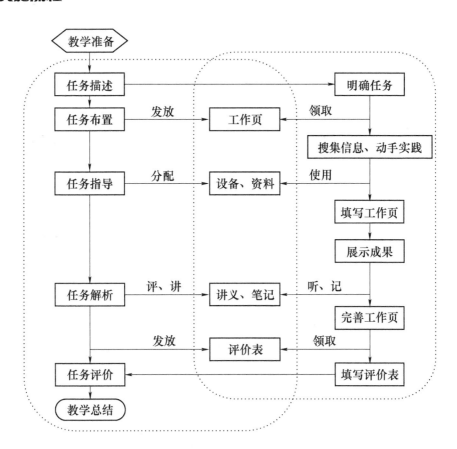

## 教学准备

### 一、资料准备

1. 电梯主控制回路原理图、光幕控制器原理图。
2. 维修记录表。

3. 工作页。

4. 评价表。

## 二、工具准备

安全帽、工作帽、万用表、试电笔、螺丝刀（一字型、十字型各一把）。

## 工作步骤

光幕故障——工作页

班级＿＿＿＿＿＿＿＿＿＿　姓名＿＿＿＿＿＿＿＿　日期＿＿＿＿＿＿＿＿＿　成绩＿＿＿＿＿＿＿

| 工作步骤 | 工作内容 | 注意事项 |
|---|---|---|
| Step1：设置（检查）故障警示标志 | 在基站设置围栏；在工作层站设置维修警示牌 | |
| Step2：检查维保人员安全保护措施 | | 如有井道内作业，需系好安全带 |
| Step3：观察故障现象 | 1. 电梯运行状态<br>＿＿＿＿＿（正常、不正常）<br>具体情况：＿＿＿＿＿＿<br>2. 电梯门运行状态<br>＿＿＿＿＿（正常、不正常）<br>具体情况：＿＿＿＿＿＿<br>3. 楼层显示状态是否正常<br>＿＿＿＿＿（是、否）<br>具体情况：＿＿＿＿＿＿<br>4. 内、外呼状态<br>5. 主控制板 X 端口状态（X1～X24）<br>＿＿＿＿＿＿＿＿＿＿ | |

| 工作步骤 | 工作内容 | 注意事项 |
|---|---|---|
| Step4：分析可能的故障原因 | 1.<br><br>2.<br><br>3. | |
| Step5：检查过程和方法 | 1. 找出 X 端状态不正确的端口<br><br>2. 测量该端口对应的传感器<br><br>3. 检查该端口对应的线路 | |
| Step6：确定故障点 | 　根据上一步的检查结果，确定可能存在故障的点，可进一步查找原因<br><br><br>故障点： | |
| Step7：排除故障，上电试运行 | 排除方法：<br><br><br>上电试运行： | |

## 🔄 教学评价

光幕故障——评价表

班级＿＿＿＿＿＿＿　姓名＿＿＿＿＿＿＿　日期＿＿＿＿＿＿＿　成绩＿＿＿＿＿＿＿

| 序号 | 教学环节 | 参与情况 | 考核内容 | 教学评价 | |
|---|---|---|---|---|---|
| | | | | 自我评价 | 教师评价 |
| 1 | 明确任务 | 参　与【　】<br>未参与【　】 | 领会任务意图 | | |
| | | | 掌握任务内容 | | |
| | | | 明确任务要求 | | |
| 2 | 搜集信息<br>动手实践 | 参　与【　】<br>未参与【　】 | 完成任务操作 | | |
| | | | 搜集任务信息 | | |
| | | | 记录实践数据 | | |
| 3 | 填写工作页 | 参　与【　】<br>未参与【　】 | 明确工作步骤 | | |
| | | | 完成工作任务 | | |
| | | | 填写工作内容 | | |
| 4 | 展示成果 | 参　与【　】<br>未参与【　】 | 聆听成果分享 | | |
| | | | 参与成果展示 | | |
| | | | 提出修改建议 | | |
| 5 | 整理笔记 | 参　与【　】<br>未参与【　】 | 聆听任务解析 | | |
| | | | 整理解析内容 | | |
| | | | 完成学习笔记 | | |
| 6 | 完善工作页 | 参　与【　】<br>未参与【　】 | 自查工作任务 | | |
| | | | 更正错误信息 | | |
| | | | 完善工作内容 | | |
| 备注 | 请在教学评价栏目中填写：A、B或C　　其中，A—能；B—勉强能；C—不能 | | | | |
| 学生心得 | | | | | |
| | | | | | |
| 教师寄语 | | | | | |
| | | | | | |

# 任务 5　锁梯、消防、司机开关故障

## 任务描述

电梯在基站停层后，无法继续运行，同时内、外呼信号失效。请根据电梯电路原理并结合故障现象，对此故障进行分析和检修。

## 实施流程

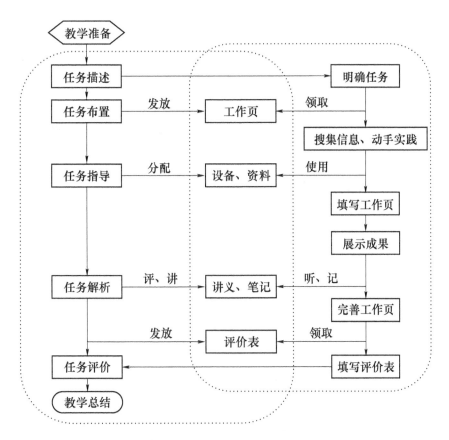

## 教学准备

### 一、资料准备

1. 电梯主控制回路原理图。
2. 维修记录表。

3. 工作页。

4. 评价表。

## 二、工具准备

安全帽、工作帽、万用表、试电笔、螺丝刀（一字型、十字型各一把）。

## 工作步骤

### 锁梯、消防、司机开关故障——工作页

班级＿＿＿＿＿＿＿ 姓名＿＿＿＿＿＿＿ 日期＿＿＿＿＿＿＿ 成绩＿＿＿＿＿＿＿

| 工作步骤 | 工作内容 | 注意事项 |
| --- | --- | --- |
| Step1：设置（检查）故障警示标志 | 在基站设置围栏；在工作层站设置维修警示牌 | |
| Step2：检查维保人员安全保护措施 | | 如有井道内作业,需系好安全带 |
| Step3：观察故障现象 | 1. 电梯运行状态＿＿＿＿＿（正常、不正常）<br>具体情况：＿＿＿＿＿＿＿<br>2. 电梯门运行状态＿＿＿＿＿（正常、不正常）<br>具体情况：＿＿＿＿＿＿＿<br>3. 楼层显示状态是否正常＿＿＿＿＿（是、否）<br>具体情况：＿＿＿＿＿＿＿<br>4. 内、外呼状态<br>5. 主控制板 X 端口状态（X1～X24）＿＿＿＿＿＿＿ | |

| 工作步骤 | 工作内容 | 注意事项 |
|---|---|---|
| Step4：可能的故障原因 | 1.<br><br>2.<br><br>3. | |
| Step5：检查过程和方法 | 1. 找出 X 端状态不正确的端口<br>　———————————<br>2. 测量该端口对应的传感器<br>　———————————<br>3. 检查该端口对应的线路<br>　——————————— | |
| Step6：确定故障点 | 　根据上一步的检查结果,确定可能存在故障的点，可进一步查找原因<br><br><br>故障点：————————— | |
| Step7：排除故障，上电试运行 | 排除方法：<br><br><br>上电试运行： | |

## 📀 教学评价

### 锁梯、消防、司机开关故障——评价表

班级＿＿＿＿＿＿＿＿　姓名＿＿＿＿＿＿＿＿　日期＿＿＿＿＿＿＿＿　成绩＿＿＿＿＿＿＿＿

| 序号 | 教学环节 | 参与情况 | 考核内容 | 教学评价 | |
|---|---|---|---|---|---|
| | | | | 自我评价 | 教师评价 |
| 1 | 明确任务 | 参　与【　】<br>未参与【　】 | 领会任务意图 | | |
| | | | 掌握任务内容 | | |
| | | | 明确任务要求 | | |
| 2 | 搜集信息<br>动手实践 | 参　与【　】<br>未参与【　】 | 完成任务操作 | | |
| | | | 搜集任务信息 | | |
| | | | 记录实践数据 | | |
| 3 | 填写工作页 | 参　与【　】<br>未参与【　】 | 明确工作步骤 | | |
| | | | 完成工作任务 | | |
| | | | 填写工作内容 | | |
| 4 | 展示成果 | 参　与【　】<br>未参与【　】 | 聆听成果分享 | | |
| | | | 参与成果展示 | | |
| | | | 提出修改建议 | | |
| 5 | 整理笔记 | 参　与【　】<br>未参与【　】 | 聆听任务解析 | | |
| | | | 整理解析内容 | | |
| | | | 完成学习笔记 | | |
| 6 | 完善工作页 | 参　与【　】<br>未参与【　】 | 自查工作任务 | | |
| | | | 更正错误信息 | | |
| | | | 完善工作内容 | | |
| 备注 | 请在教学评价栏目中填写：A、B 或 C　　其中，A—能；B—勉强能；C—不能 | | | | |
| 学生心得 | | | | | |
| | | | | | |
| 教师寄语 | | | | | |
| | | | | | |

## 知识链接

### 一、电梯主控制系统原理

电梯主控制系统（见附录图 A-5）作为电梯运行与管理的控制核心，担负着电梯运行信号的采集、处理和指令输出的任务。

主控制系统的输入、输出端口可以按功能分为三个部分：一是负责运行信号采集的 X 端口，为输入端口，功能见表 4-1；二是负责控制指令输出的 Y 端口，功能见表 4-2；三是负责内选和外招指令采集的 L 端口。

表 4-1 主控制系统 X 端口功能对照表

| 序号 | 端口号 | 名称 | 对应动作开关 | 电压值 | 信号意义 |
|---|---|---|---|---|---|
| 1 | X1 | 门区信号输入端 | A1 板 SX1 输出端口 | DC 0/24 V | 0：未进入平层<br>24 V：已进入平层 |
| 2 | X2 | 运行接触器状态反馈 | CC 常闭触点 | DC 0/24 V | 0：运行<br>24 V：停机 |
| 3 | X3 | 抱闸接触器状态反馈 | JBZ 常闭触点 | DC 0/24 V | 0：松闸<br>24 V：抱闸 |
| 4 | X4 | 正常/检修模式切换 | 机房紧急电动开关、轿内检修和轿顶检修开关 | DC 0/24 V | 0：检修<br>24 V：正常 |
| 5 | X5 | 检修上行 | 检修上行按钮 | DC 0/24 V | 0：无效<br>24 V：检修上行 |
| 6 | X6 | 检修下行 | 检修下行按钮 | DC 0/24 V | 0：无效<br>24 V：检修下行 |
| 7 | X7 | 正常/消防模式切换 | 消防开关（常开） | DC 0/24 V | 0：正常<br>24 V：消防 |
| 8 | X8 | 锁梯信号输入端 | JST 常开触点 | DC 0/24 V | 0：正常<br>24 V：锁梯 |
| 9 | X9 | 上限位信号输入端 | 上限位开关（常闭） | DC 0/24 V | 0：触碰限位开关<br>24 V：正常 |
| 10 | X10 | 下限位信号输入端 | 下限位开关（常闭） | DC 0/24 V | 0：触碰限位开关<br>24 V：正常 |
| 11 | X11 | 上换速信号输入端 | 上换速开关（常闭） | DC 0/24 V | 0：触碰换速开关<br>24 V：正常 |
| 12 | X12 | 下换速信号输入端 | 下换速开关（常闭） | DC 0/24 V | 0：触碰换速开关<br>24 V：正常 |
| 13 | X13 | 超载信号输入端 | 超载传感器输出端 | DC 0/24 V | 0：正常<br>24 V：超载 |

续表

| 序号 | 端口号 | 名称 | 对应动作开关 | 电压值 | 信号意义 |
|---|---|---|---|---|---|
| 14 | X14 | 开门限位信号输入端 | 门机控制器开门限位输出端 | DC 0/24 V | 0：门完全打开<br>24 V：轿厢门关闭 |
| 15 | X15 | 光幕信号输入端 | 光幕控制器信号输出端 | DC 0/24 V | 0：有障碍物阻隔<br>24 V：无阻隔 |
| 16 | X16 | 正常/司机模式切换 | 切换开关（常开） | DC 0/24 V | 0：正常<br>24 V：司机模式 |
| 17 | X17 | 封门反馈输入端 | A1 板 SX12 出端口 | DC 0/24 V | 0：未封门<br>24 V：封门完成 |
| 18 | X18 | 关门信号输入端 | 门机控制器关门限位输出端 | DC 0/24 V | 0：门完全关闭<br>24 V：门未完全关闭 |
| 19 | X19 | 上平层开关信号输入端 | 上平层开关信号输出端 | DC 0/24 V | 0：未在平层区域<br>24 V：进入平层区域 |
| 20 | X20 | 下平层开关信号输入端 | 下平层开关信号输出端 | DC 0/24 V | 0：未在平层区域<br>24 V：进入平层区域 |
| 21 | X21 | 门旁路状态信号输入端 | 门旁路板（常闭） | DC 0/24 V | 0：门旁路状态<br>24 V：正常状态 |
| 22 | X22 | 抱闸验证信号输入端 | 抱闸验证开关（常闭） | DC 0/24 V | 0：松闸<br>24 V：抱闸 |
| 23 | X23 | 安全回路状态验证 | 安全接触器常开触点 | DC 0/24 V | 0：非正常<br>24 V：正常 |
| 24 | X24 | 门锁回路状态验证 | 门锁接触器常开触点 | DC 0/24 V | 0：非正常<br>24 V：正常 |
| 25 | X25 | 安全回路故障检测点 | 110 端子 | AC 0/110 V | 0：有故障<br>110 V：正常 |
| 26 | X26 | 安全回路＋层门锁开关故障检测点 | 11A 端子 | AC 0/110 V | 0：有故障<br>110 V：正常 |
| 27 | X27 | 安全回路＋层门锁开关＋轿门锁＋防扒门锁故障检测点 | 112 端子 | AC 0/110 V | 0：有故障<br>110 V：正常 |

表 4-2　主控制系统 Y 端口功能对照表

| 序号 | 端口号 | 端口名 | 端口信号意义 |
|---|---|---|---|
| 1 | M0 | 消防反馈 | （选用）接外部消防信号 |
| 2 | Y0 | | |
| 3 | Y1 | 运行指令输出端 | 0：无效　　　　AC 110 V：有效 |
| 4 | Y2 | 松闸指令输出端 | 0：无效　　　　AC 110 V：有效 |

续表

| 序号 | 端口号 | 端口名 | 端口信号意义 |
|---|---|---|---|
| 5 | M1 | AC 110 V 辅助电源输入端 | |
| 6 | M2 | | |
| 7 | Y3 | 节能指令输出端 | 0：无效　　　DC 24 V：有效（节能状态） |
| 8 | M3 | DC 24 V 辅助电源输入端 | |
| 9 | Y6 | 开门指令输出端 | 0：无效　　　DC 24 V：有效（开门） |
| 10 | Y7 | 关门指令输出端 | 0：无效　　　DC 24 V：有效（关门） |
| 11 | YM1 | 开关门指令公共端 | 开关门指令反馈回路 |
| 12 | Y10 | 楼层指示信号输出端 | |
| 13 | Y11 | | |
| 14 | Y14 | 声光报警信号输出端 | 0：无效　　　DC 24 V：有效（报警） |
| 15 | Y15 | 到站钟信号输出端 | 0：无效　　　DC 24 V：有效（到站） |
| 16 | YM2 | DC 24 V 电源输入端 | |
| 17 | YM3 | | |
| 18 | Y16 | 检修显示信号输出端 | 0：无效　　　DC 24 V：有效（"检修"） |
| 19 | Y17 | 上行箭头信号输出端 | 0：无效　　　DC 24 V：有效（"上箭头"） |
| 20 | Y18 | 下行箭头信号输出端 | 0：无效　　　DC 24 V：有效（"下箭头"） |
| 21 | Y20 | 封门指令输出端 | 0：无效　　　DC 24 V：有效（封门） |
| 22 | Y21 | 超载蜂鸣信号输出端 | 0：无效　　　DC 24 V：有效（超载报警） |
| 23 | Y22 | 超载指示信号输出端 | 0：无效　　　DC 24 V：有效（"超载"） |

## 二、电梯光幕控制功能原理

根据《GB/T 7024—2008 电梯、自动扶梯、自动人行道术语标准》给出的定义，光幕是在轿门关闭过程中，当有乘客或物体通过轿门时，在轿门高度方向上的特定范围内可自动探测并发出信号使轿门重新打开的门保护装置。

原理图见附录图 A-10。光幕控制器使用 AC 220 V 电源，与控制电源电路中的 201、202 端子相连。光幕控制器输出端 AB1 与主控制系统 X15 端口相连，其有效信号电压为 24 V，说明光幕中间无障碍；输出电压为 0 时，说明光幕中间有乘客或其他物体遮挡。

## 🔧 思考与练习

1. 平层感应器安装在轿顶横梁上，利用装在轿厢导轨上的隔磁板（遮光板），使感应器动作，控制（　　　）。

　　A. 轿厢上升　　　　　B. 轿厢下降　　　　　C. 轿厢速度　　　　　D. 平层开门

2. 安全触板安装在（　　　）。

　　A. 厅门上　　　　　　B. 轿门上　　　　　　C. 轿顶上　　　　　　D. 轿底上

3. 下列关于平层术语表达准确的有（　　　）。【多选】

　　A. 平层是在平层区域内，使轿厢地坎平面与层门地坎平面达到同一平面的运动

　　B. 平层区是轿厢停靠上方和下方的一段有限区域，在此区域内可以用平层装置来使轿厢运行达到平层要求

　　C. 平层准确度是轿厢依控制系统指令到达目的层站依靠后，门完全打开，在没有负载变化的情况下，轿厢地坎上平面与层门地坎上平面之间铅垂方向的最大差值

　　D. 平层保持精度是在电梯装卸过程中轿厢地坎和层站地坎铅垂方向的最大差值

　　E. 再平层（微动平层）是当电梯停靠开门期间，由于负载变化，检测到轿厢地坎与层门地坎平层差距过大时，电梯自动运行使轿厢地坎与层门地坎再次平层的功能

4.（　　　）提供一个特定的信号使正在正常运行的电梯立即降至事先设定的楼层；允许消防员或其他特定的人员使用该电梯。

　　A. 轿厢操纵盘　　　　　　　　　　B. 厅外按钮

　　C. 轿顶检修盒　　　　　　　　　　D. 消防开关

# 4

项目四

# 电梯检修回路及内、外呼系统电路分析与故障诊断

 **教学目标**

- 了解电梯检修回路及内外呼系统电路的组成；
- 理解检修回路及内外呼系统电路的控制过程和工作原理；
- 掌握电梯检修回路及内外呼系统电路的故障分析和诊断方法与流程；
- 能够根据工作原理完成故障点判断并排除故障。

## 任务 1　检修功能失效故障

**任务描述**

在检修过程中使用轿顶检修功能时，检修功能失效，电梯无法进行检修运行。请根据电梯电路原理并结合故障现象，对此故障进行分析和检修。

## 实施流程

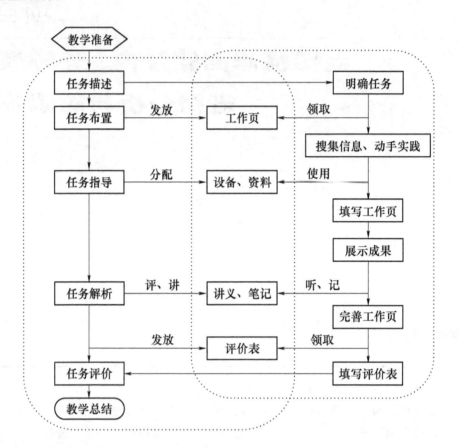

## 教学准备

### 一、资料准备

1. 电梯主控制系统原理图、电梯检修回路原理图。
2. 维修记录表。
3. 工作页。
4. 评价表。

### 二、工具准备

安全帽、工作帽、万用表、试电笔、螺丝刀（一字型、十字型各一把）。

## 工作步骤

检修功能失效故障——工作页

班级＿＿＿＿＿＿＿＿＿姓名＿＿＿＿＿＿＿＿＿＿日期＿＿＿＿＿＿＿＿＿＿成绩＿＿＿＿＿＿＿＿＿＿

| 工作步骤 | 工作内容 | 注意事项 |
|---|---|---|
| Step1：设置（检查）故障警示标志 | 在基站设置围栏；在工作层站设置维修警示牌 | |
| Step2：检查维保人员安全保护措施 | | 如有井道内作业,需系好安全带 |
| Step3：观察故障现象 | 1. 电梯集选功能状态<br>＿＿＿＿＿（正常、不正常）<br>具体情况：＿＿＿＿＿＿＿＿＿<br>2. 电梯检修功能状态<br>＿＿＿＿＿（正常、不正常）<br>具体情况：＿＿＿＿＿＿＿＿＿<br>3. 主控制板 X 端口状态（X1～X24）<br>＿＿＿＿＿＿＿＿＿＿＿＿＿ | |

| 工作步骤 | 工作内容 | 注意事项 |
|---|---|---|
| Step4：分析可能的故障原因 | 1.<br><br>2.<br><br>3. | |
| Step5：检查过程和方法 | 1. 找出 X 端状态不正确的端口<br>_____<br>2. 测量该端口对应的电路 | |
| Step6：确定故障点 | 　根据上一步的检查结果，确定可能存在故障的点，可进一步查找原因<br><br><br><br>故障点：_____ | |
| Step7：排除故障，上电试运行 | 排除方法：<br><br><br>上电试运行： | |

## 教学评价

**检修功能失效故障——评价表**

班级＿＿＿＿＿＿＿＿＿  姓名＿＿＿＿＿＿＿＿＿  日期＿＿＿＿＿＿＿＿＿  成绩＿＿＿＿＿＿＿＿＿

| 序号 | 教学环节 | 参与情况 | 考核内容 | 教学评价 | |
|---|---|---|---|---|---|
| | | | | 自我评价 | 教师评价 |
| 1 | 明确任务 | 参　与【　】<br>未参与【　】 | 领会任务意图 | | |
| | | | 掌握任务内容 | | |
| | | | 明确任务要求 | | |
| 2 | 搜集信息<br>动手实践 | 参　与【　】<br>未参与【　】 | 完成任务操作 | | |
| | | | 搜集任务信息 | | |
| | | | 记录实践数据 | | |
| 3 | 填写工作页 | 参　与【　】<br>未参与【　】 | 明确工作步骤 | | |
| | | | 完成工作任务 | | |
| | | | 填写工作内容 | | |
| 4 | 展示成果 | 参　与【　】<br>未参与【　】 | 聆听成果分享 | | |
| | | | 参与成果展示 | | |
| | | | 提出修改建议 | | |
| 5 | 整理笔记 | 参　与【　】<br>未参与【　】 | 聆听任务解析 | | |
| | | | 整理解析内容 | | |
| | | | 完成学习笔记 | | |
| 6 | 完善工作页 | 参　与【　】<br>未参与【　】 | 自查工作任务 | | |
| | | | 更正错误信息 | | |
| | | | 完善工作内容 | | |
| 备注 | 请在教学评价栏目中填写：A、B 或 C　其中，A—能；B—勉强能；C—不能 | | | | |
| 学生心得 | | | | | |
| | | | | | |
| 教师寄语 | | | | | |
| | | | | | |

# 任务 2　紧急电动功能失效故障

## 任务描述

电梯运行过程中，意外触发上极限开关，而机房紧急电动功能失效，无法使轿厢下移，维修人员不能到达轿顶对故障进行检查。请根据电梯电路原理并结合故障现象，对此故障进行分析和检修。

## 实施流程

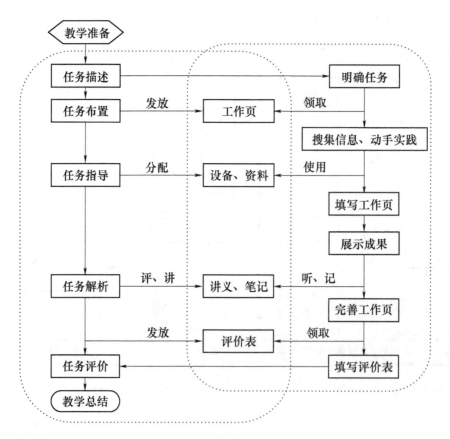

## 教学准备

### 一、资料准备

1. 电梯主控制系统原理图、安全门锁及抱闸控制回路原理图。

2. 维修记录表。

3. 工作页。

4. 评价表。

## 二、工具准备

安全帽、工作帽、万用表、试电笔、螺丝刀（一字型、十字型各一把）。

### 工作步骤

**紧急电动功能失效故障——工作页**

班级＿＿＿＿＿＿＿＿＿＿　姓名＿＿＿＿＿＿＿＿＿＿＿　日期＿＿＿＿＿＿＿＿＿＿＿　成绩＿＿＿＿＿＿＿＿＿＿

| 工作步骤 | 工作内容 | 注意事项 |
|---|---|---|
| Step1：设置（检查）故障警示标志 | 在基站设置围栏；在工作层站设置维修警示牌 | |
| Step2：检查维保人员安全保护措施 | | 如有井道内作业，需系好安全带 |
| Step3：观察故障现象 | 1. 电梯集选功能状态<br>＿＿＿＿＿＿（正常、不正常）<br>具体情况：＿＿＿＿＿＿＿＿＿＿<br>2. 电梯检修功能状态<br>＿＿＿＿＿＿（正常、不正常）<br>3. 电梯紧急电动功能状态<br>＿＿＿＿＿＿（正常、不正常）<br>具体情况：＿＿＿＿＿＿＿＿＿＿<br>3. 主控制板 X 端口状态（X1～X24）<br>＿＿＿＿＿＿＿＿＿＿＿＿＿＿ | |

| 工作步骤 | 工作内容 | 注意事项 |
|---|---|---|
| Step4：可能的故障原因 | 1.<br><br>2.<br><br>3. | |
| Step5：检查过程和方法 | 1. 找出 X 端状态不正确的端口<br>_____<br>2. 测量该端口对应的电路 | |
| Step6：确定故障点 | 根据上一步的检查结果,确定可能存在故障的点,可进一步查找原因<br><br><br>故障点:_____ | |
| Step7：排除故障,上电试运行 | 排除方法:<br><br><br>上电试运行: | |

## 教学评价

**紧急电动功能失效故障——评价表**

班级＿＿＿＿＿＿＿＿　姓名＿＿＿＿＿＿＿＿　日期＿＿＿＿＿＿＿＿　成绩＿＿＿＿＿＿＿＿

| 序号 | 教学环节 | 参与情况 | 考核内容 | 教学评价 | |
|------|----------|----------|----------|----------|----------|
| | | | | 自我评价 | 教师评价 |
| 1 | 明确任务 | 参　与【　】<br>未参与【　】 | 领会任务意图 | | |
| | | | 掌握任务内容 | | |
| | | | 明确任务要求 | | |
| 2 | 搜集信息<br>动手实践 | 参　与【　】<br>未参与【　】 | 完成任务操作 | | |
| | | | 搜集任务信息 | | |
| | | | 记录实践数据 | | |
| 3 | 填写工作页 | 参　与【　】<br>未参与【　】 | 明确工作步骤 | | |
| | | | 完成工作任务 | | |
| | | | 填写工作内容 | | |
| 4 | 展示成果 | 参　与【　】<br>未参与【　】 | 聆听成果分享 | | |
| | | | 参与成果展示 | | |
| | | | 提出修改建议 | | |
| 5 | 整理笔记 | 参　与【　】<br>未参与【　】 | 聆听任务解析 | | |
| | | | 整理解析内容 | | |
| | | | 完成学习笔记 | | |
| 6 | 完善工作页 | 参　与【　】<br>未参与【　】 | 自查工作任务 | | |
| | | | 更正错误信息 | | |
| | | | 完善工作内容 | | |
| 备注 | 请在教学评价栏目中填写：A、B 或 C　　其中，A—能；B—勉强能；C—不能 | | | | |
| 学生心得 | | | | | |
| | | | | | |
| 教师寄语 | | | | | |
| | | | | | |

# 任务 3　外呼按钮功能失效故障

## 任务描述

　　在电梯使用过程中，发现二楼下按钮功能失效。当轿厢在二层时，按下该按钮电梯不能开门；当轿厢在一层时，按下该按钮不能招梯。请根据电梯电路原理并结合故障现象，对此故障进行分析和检修。

## 实施流程

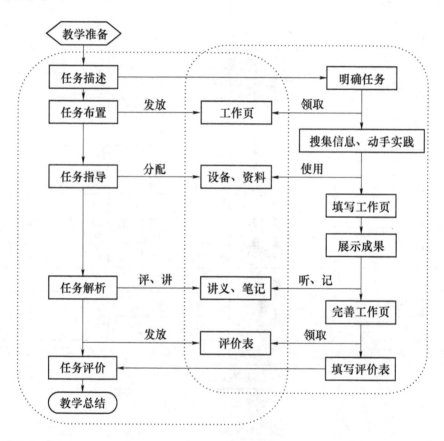

## 教学准备

### 一、资料准备

1. 内、外呼系统原理图。

2. 维修记录表。

3. 工作页。

4. 评价表。

## 二、工具准备

安全帽、工作帽、万用表、试电笔、螺丝刀（一字型、十字型各一把）。

## 🔄 工作步骤

### 外呼按钮功能失效故障——工作页

班级＿＿＿＿＿＿＿＿＿＿＿姓名＿＿＿＿＿＿＿＿＿＿＿日期＿＿＿＿＿＿＿＿＿＿＿成绩＿＿＿＿＿＿＿＿

| 工作步骤 | 工作内容 | 注意事项 |
|---|---|---|
| Step1：设置（检查）故障警示标志 | 在基站设置围栏；在工作层站设置维修警示牌 | |
| Step2：检查维保人员安全保护措施 | | 如有井道内作业,需系好安全带 |
| Step3：观察故障现象 | 1. 一楼上按钮功能 ＿＿＿＿＿（正常、不正常）<br>2. 二楼下按钮功能 ＿＿＿＿＿（正常、不正常）<br>3. 主控制板 L 端口状态 | |

| 工作步骤 | 工作内容 | 注意事项 |
|---|---|---|
| Step4：分析可能的故障原因 | 1.<br><br>2.<br><br>3. | |
| Step5：检查过程和方法 | 1. 找出 L 端状态不正确的端口<br><br>2. 测量该端口对应的按钮及相关电路 | |
| Step6：确定故障点 | 　根据上一步的检查结果，确定可能存在故障的点，可进一步查找原因<br><br><br>故障点：_____ | |
| Step7：排除故障，上电试运行 | 排除方法：<br><br><br>上电试运行： | |

## 🌀 教学评价

**外呼按钮功能失效故障——评价表**

班级＿＿＿＿＿＿＿＿　姓名＿＿＿＿＿＿＿＿　日期＿＿＿＿＿＿＿＿　成绩＿＿＿＿＿＿＿＿

| 序号 | 教学环节 | 参与情况 | 考核内容 | 教学评价 | |
|---|---|---|---|---|---|
| | | | | 自我评价 | 教师评价 |
| 1 | 明确任务 | 参　与【　】<br>未参与【　】 | 领会任务意图 | | |
| | | | 掌握任务内容 | | |
| | | | 明确任务要求 | | |
| 2 | 搜集信息<br>动手实践 | 参　与【　】<br>未参与【　】 | 完成任务操作 | | |
| | | | 搜集任务信息 | | |
| | | | 记录实践数据 | | |
| 3 | 填写工作页 | 参　与【　】<br>未参与【　】 | 明确工作步骤 | | |
| | | | 完成工作任务 | | |
| | | | 填写工作内容 | | |
| 4 | 展示成果 | 参　与【　】<br>未参与【　】 | 聆听成果分享 | | |
| | | | 参与成果展示 | | |
| | | | 提出修改建议 | | |
| 5 | 整理笔记 | 参　与【　】<br>未参与【　】 | 聆听任务解析 | | |
| | | | 整理解析内容 | | |
| | | | 完成学习笔记 | | |
| 6 | 完善工作页 | 参　与【　】<br>未参与【　】 | 自查工作任务 | | |
| | | | 更正错误信息 | | |
| | | | 完善工作内容 | | |
| 备注 | 请在教学评价栏目中填写：A、B 或 C　　其中，A—能；B—勉强能；C—不能 | | | | |
| 学生心得 | | | | | |
| | | | | | |
| 教师寄语 | | | | | |
| | | | | | |

### 📝 知识链接

#### 一、电梯检修功能原理分析

根据《GB 7588—2003 电梯制造与安装安全规范》要求，为便于检修和维护，应在轿顶装一个易于接近的控制装置。该开关应是双稳态开关，并应设有误操作的防护。同时满足下列条件：

（1）一经进入检修运行，应取消：

① 正常运行控制，包括任何自动门的操作；

② 紧急电动运行；

③ 对接操作运行。

只有再一次操作检修开关，才能使电梯重新恢复正常运行。

如果取消上述运行的开关装置不是与检修开关机械组成一体的安全触点，则应采取措施，防止可能出现的故障（无电压、电压降低、对地或对金属构件的绝缘损坏、电气元件的短路或断路以及参数或功能的改变、接触器或继电器的可动衔铁不吸合或吸合不完全、接触器或继电器的可动衔铁不释放、触点不断开、触点不闭合、错相等）出现在电路中时轿厢的一切误运行。

（2）轿厢运行应依靠持续揿压按钮，此按钮应有防误操作的保护，并应清楚地标明运行方向。

（3）控制装置也应包括一个双稳态且误动作不能使电梯恢复运行的停止装置。

（4）轿厢速度不应大于 0.63 m/s。

（5）不应超过轿厢的正常行程范围。

（6）电梯运行应仍依靠安全装置。

控制装置也可以与防误操作的特殊开关结合，从轿顶上控制门机构。

一般情况下，电梯的检修控制装置分别设置在轿顶、轿内和机房，根据操作不同位置检修控制装置时的潜在危险程度，各位置控制装置的优先权依次下降，如附录图 A–6 所示。

#### 二、电梯紧急电动功能原理分析

根据《GB 7588—2003 电梯制造与安装安全规范》要求，对于人力操作提升装有额定载重量的轿厢所需力大于 400 N 的电梯驱动主机，其机房内应设置一个紧急电动运行开关。该开关应是双稳态开关，并应设有误操作的防护。电梯驱动主机应由正常的电源供电或由备用电源供电（如有）。

同时下列条件也应满足：

（1）应允许从机房内操作紧急电动运行开关，由持续揿压具有防止误操作保护的按钮控制轿厢运行。运行方向应清楚地标明。

（2）紧急电动运行开关操作后，除由该开关控制的以外，应防止轿厢的一切运行。

检修运行一旦实施，则紧急电动运行应失效。

（3）紧急电动运行开关本身或通过另一个（符合标准的）电气开关应使下列电气装置失效：

① 安全钳上的电气安全装置；

② 限速器上的电气安全装置；

③ 轿厢上行超速保护装置上的电气安全装置；

④ 极限开关；

⑤ 缓冲器上的电气安全装置。

（4）紧急电动运行开关及操纵按钮应设置在易于直接观察电梯驱动主机的地方。

（5）轿厢速度不应大于 0.63 m/s。

YL-777 型电梯紧急电动运行功能见附录图 A-6 和附录图 A-4。当机房紧急电动开关打到紧急电动位置时，紧急电动继电器 ADD 线圈上电，常开触点闭合，则安全回路中的上极限开关、下极限开关、缓冲器开关、限速器开关和安全钳开关被短接，失去电气保护作用。

### 三、电梯内外呼系统原理

根据《GB/T 7024—2008 电梯、自动扶梯、自动人行道术语标准》的定义，电梯的控制方式有：

**1. 手柄开关操纵**

轿内开关控制，电梯司机转动手柄位置（开断/闭合）来操纵电梯的运行或停止。

**2. 按钮控制**

电梯运行由轿厢内操纵盘上的选层按钮或层站呼梯按钮来操纵。某层站乘客将呼梯按钮揿下，电梯就起动运行去应答。在电梯运行过程中如果有其他层站呼梯按钮揿下，控制系统只能把信号记存下来，不能去应答，而且也不能把电梯截住，直到电梯完成前应答运行层站之后方可应答其他层站呼梯信号。

**3. 信号控制**

把各层站呼梯信号集合起来，将与电梯运行方向一致的呼梯信号按先后顺序排列好，电梯依次应答接运乘客。电梯运行取决于电梯司机操纵，而电梯在何层站依靠由轿厢操纵盘上的选层按钮信号和层站呼梯按钮信号控制。电梯往复运行一周可以应答所有呼梯信号。

**4. 集选控制**

集选控制是在信号控制的基础上把召唤信号集合起来进行有选择的应答。电梯可有（无）司机操纵，在电梯运行过程中可以应答同一方向所有层站呼梯信号和操纵盘上的选层按钮信号，并自动在这些信号指定的层站平层停靠。电梯运行响应完所有呼梯信号和指令信号后，可以返回基站待命，也可以停在最后一次运行的目标层待命。

**5. 下集选控制**

下集选控制时，除最低层和基站外，电梯仅将其他层站的下方向呼梯信号集合起来应答。如果乘客欲从较低的层站到较高的层站去，需乘电梯到底层或基站后再乘电梯到要去的高层站。

**6. 并联控制**

并联控制时，两台电梯共同处理层站呼梯信号。并联的各台电梯相互通信、相互协调，根据各自所处的层楼位置和其他相关的信息，确定一台最适合的电梯去应答每一个层站呼梯信号，从而提高电梯的运行效率。

**7. 群控**

群控是指将两台以上电梯组成一组，由一个专门的群控系统负责处理群内电梯的所有层站呼梯信号。群控系统可以是独立的，也可以隐含在每一个电梯控制系统中。群控系统和每一个电梯控制系统之间都有通信联系。群控系统根据群内每台电梯的楼层位置、已登记的指令信号、运行方向、电梯状态、轿内载荷等信息，实时将每一个层站呼梯信号分配给最适合的电梯去应答，从而最大限度地提高群内电梯的运行效率。群控系统中，通常还可选配上班高峰服务、下班高峰服务、分散待梯等多种满足特殊场合使用要求的操作功能。

**8. 串行通信**

对象之间的数据传递是根据约定的速率和通信标准，一位一位地进行传送。串行通信的最大优点是：可以在较远的距离、用最少的线路传送大量的数据。电梯控制系统的串行通信主要是指：装在控制柜中的主控制系统和轿厢控制器、层站控制器等部件之间的串行通信，以及群控系统和属下各主控系统之间、并联时主控系统相互之间的串行通信。除了涉及安全的信号外，其他电梯控制系统所用的数据都可通过串行通信的方式相互传送。

**9. 远程监视装置**

远程监视装置通过有线或无线电话线路、Internet 网络线路等介质，和现场的电梯控制系统通信，监视人员在远程监视装置上能清楚了解电梯的各种信息。

**10. 电梯管理系统**

电梯管理系统是一种电梯监视控制系统，采用可靠线路连接，用微机监视电梯状态、性能、交通流量和故障代码等，同时可以实现召唤电梯、修改电梯参数等功能。

YL-777 型电梯采用集选控制方式，其原理图见附录图 A-7、附录图 A-8。

以一层上按钮为例，其电路原理如下：当一层上按钮被撤下，电源正极 P24 与负极 N24 经发光二极管和一层上按钮构成回路，发光二极管被点亮。同时端口 L10 原有的 DC 24 V 电压经被撤下的一层上按钮被接低，主控制系统响应并从 L10 端口持续输出低电平。当一层上按钮被释放后，电流从 P24 经发光二极管至 L10，构成回路，使发光二极管持续点亮。

此过程即外呼信号登记。

当电梯完成本次指令后，主控制系统使 L10 端口输出恢复为 DC 24 V，则发光二极管熄灭。此过程即消号。

其他内呼、外呼按钮响应形式同上。

### 思考与练习

1. 电梯轿顶上必须安装的装置有（　　　）。【多选】

A. 检修转换开关　　　　　　　　　B. 急停开关

C. 上下行控制按钮　　　　　　　　D. 照明开关

E. 2P+PE 型插座

2. 电梯的控制方式有哪些？

3. 什么是电梯的集选控制？

4. 电梯的集选控制和下集选控制的区别是什么？

# 5

项目五

# 电梯楼层显示及门机控制电路
# 分析与故障诊断

## 教学目标

- 了解电梯楼层显示及门机控制电路的组成；
- 理解电梯楼层显示及门机控制电路的控制过程和工作原理；
- 掌握电梯楼层显示及门机控制电路的故障分析和诊断方法与流程；
- 能够根据工作原理完成故障点判断并排除故障。

## 任务 1　楼层显示数据丢失故障

## 任务描述

电梯内外所有楼层显示器均无显示。请根据电梯电路原理并结合故障现象，对此故障进行分析和检修。

## 实施流程

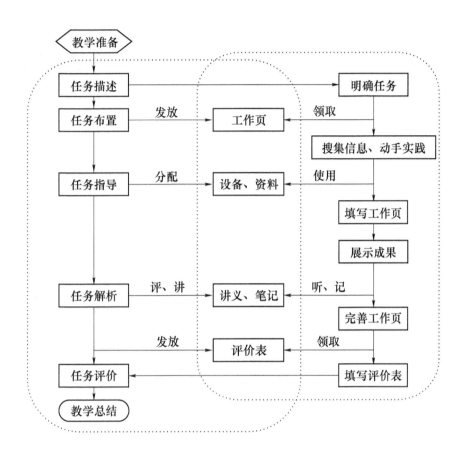

## 教学准备

### 一、资料准备

1. 显示系统接线图。

2. 维修记录表。

3. 工作页。

4. 评价表。

### 二、工具准备

安全帽、工作帽、万用表、试电笔、螺丝刀（一字型、十字型各一把）。

## ↻ 工作步骤

**楼层显示数据丢失故障——工作页**

班级＿＿＿＿＿＿＿＿＿姓名＿＿＿＿＿＿＿＿＿日期＿＿＿＿＿＿＿＿＿成绩＿＿＿＿＿＿＿

| 工作步骤 | 工作内容 | 注意事项 |
|---|---|---|
| Step1：设置（检查）故障警示标志 | 在基站设置围栏；在工作层站设置维修警示牌 | |
| Step2：检查维保人员安全保护措施 | | 如有井道内作业，需系好安全带 |
| Step3：观察故障现象 | 1. 电梯集选功能状态<br>＿＿＿＿＿＿＿（正常、不正常）<br>2. 楼层显示器状态<br>＿＿＿＿＿＿＿（正常、不正常）<br>具体情况：＿＿＿＿＿＿＿<br>3. 主控制板 Y 端口状态 | |

| 工作步骤 | 工作内容 | 注意事项 |
|---|---|---|
| Step4：分析可能的故障原因 | 1.<br><br>2.<br><br>3. | |
| Step5：检查过程和方法 | 1. 比对楼层显示器显示内容与Y端口输出信号有哪些不符<br><br>————————————<br><br>2. 测量该端口对应的线路 | |
| Step6：确定故障点 | 根据上一步的检查结果，确定可能存在故障的点，可进一步查找原因<br><br>故障点：————————— | |
| Step7：排除故障，上电试运行 | 排除方法：<br><br><br>上电试运行： | |

## 教学评价

楼层显示数据丢失故障——评价表

班级＿＿＿＿＿＿＿＿　姓名＿＿＿＿＿＿＿＿　日期＿＿＿＿＿＿＿＿　成绩＿＿＿＿＿＿＿＿

| 序号 | 教学环节 | 参与情况 | 考核内容 | 教学评价 | |
|---|---|---|---|---|---|
| | | | | 自我评价 | 教师评价 |
| 1 | 明确任务 | 参　与【　】<br>未参与【　】 | 领会任务意图 | | |
| | | | 掌握任务内容 | | |
| | | | 明确任务要求 | | |
| 2 | 搜集信息<br>动手实践 | 参　与【　】<br>未参与【　】 | 完成任务操作 | | |
| | | | 搜集任务信息 | | |
| | | | 记录实践数据 | | |
| 3 | 填写工作页 | 参　与【　】<br>未参与【　】 | 明确工作步骤 | | |
| | | | 完成工作任务 | | |
| | | | 填写工作内容 | | |
| 4 | 展示成果 | 参　与【　】<br>未参与【　】 | 聆听成果分享 | | |
| | | | 参与成果展示 | | |
| | | | 提出修改建议 | | |
| 5 | 整理笔记 | 参　与【　】<br>未参与【　】 | 聆听任务解析 | | |
| | | | 整理解析内容 | | |
| | | | 完成学习笔记 | | |
| 6 | 完善工作页 | 参　与【　】<br>未参与【　】 | 自查工作任务 | | |
| | | | 更正错误信息 | | |
| | | | 完善工作内容 | | |
| 备注 | 请在教学评价栏目中填写：A、B或C　　其中，A—能；B—勉强能；C—不能 | | | | |
| 学生心得 | | | | | |
| | | | | | |
| 教师寄语 | | | | | |
| | | | | | |

# 任务 2　滚动信号丢失故障

## 任务描述

在电梯上下行过程中，所有楼层显示器的上下指示均无滚动效果，其他显示正常。请根据电梯电路原理并结合故障现象，对此故障进行分析和检修。

## 实施流程

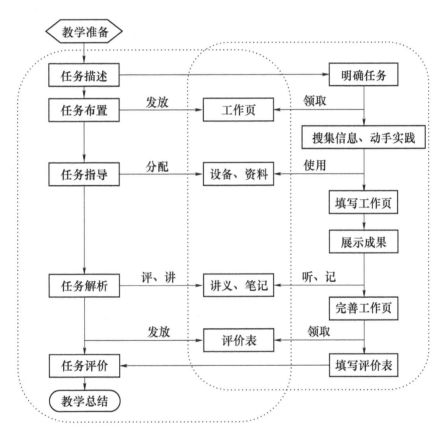

## 教学准备

### 一、资料准备

1. 安全门锁及抱闸控制回路原理图。
2. 维修记录表。

3. 工作页。

4. 评价表。

## 二、工具准备

安全帽、工作帽、万用表、试电笔、螺丝刀（一字型、十字型各一把）。

## 🔁 工作步骤

### 滚动信号丢失故障——工作页

班级＿＿＿＿＿＿＿＿＿＿姓名＿＿＿＿＿＿＿＿＿＿日期＿＿＿＿＿＿＿＿＿＿成绩＿＿＿＿＿＿＿＿＿＿

| 工作步骤 | 工作内容 | 注意事项 |
| --- | --- | --- |
| Step1：设置（检查）故障警示标志 | 在基站设置围栏；在工作层站设置维修警示牌 | |
| Step2：检查维保人员安全保护措施 | | 如有井道内作业，需系好安全带 |
| Step3：观察故障现象 | 1. 电梯集选功能状态<br>＿＿＿＿＿＿（正常、不正常）<br><br>2. 楼层显示器状态<br>＿＿＿＿＿＿（正常、不正常）<br>具体情况：＿＿＿＿＿＿＿＿ | |

| 工作步骤 | 工作内容 | 注意事项 |
|---|---|---|
| Step4：分析可能的故障原因 | 1.<br><br>2.<br><br>3. | |
| Step5：检查过程和方法 | 反查故障现象对应的线路，写出检查步骤： | |
| Step6：确定故障点 | 根据上一步的检查结果，确定可能存在故障的点，可进一步查找原因<br><br><br>故障点：_____ | |
| Step7：排除故障，上电试运行 | 排除方法：<br><br><br><br><br>上电试运行： | |

## 📖 教学评价

**滚动信号丢失故障——评价表**

班级＿＿＿＿＿＿＿＿　姓名＿＿＿＿＿＿＿＿　日期＿＿＿＿＿＿＿＿　成绩＿＿＿＿＿＿＿＿

| 序号 | 教学环节 | 参与情况 | 考核内容 | 教学评价 | |
|---|---|---|---|---|---|
| | | | | 自我评价 | 教师评价 |
| 1 | 明确任务 | 参　与【　】<br>未参与【　】 | 领会任务意图 | | |
| | | | 掌握任务内容 | | |
| | | | 明确任务要求 | | |
| 2 | 搜集信息<br>动手实践 | 参　与【　】<br>未参与【　】 | 完成任务操作 | | |
| | | | 搜集任务信息 | | |
| | | | 记录实践数据 | | |
| 3 | 填写工作页 | 参　与【　】<br>未参与【　】 | 明确工作步骤 | | |
| | | | 完成工作任务 | | |
| | | | 填写工作内容 | | |
| 4 | 展示成果 | 参　与【　】<br>未参与【　】 | 聆听成果分享 | | |
| | | | 参与成果展示 | | |
| | | | 提出修改建议 | | |
| 5 | 整理笔记 | 参　与【　】<br>未参与【　】 | 聆听任务解析 | | |
| | | | 整理解析内容 | | |
| | | | 完成学习笔记 | | |
| 6 | 完善工作页 | 参　与【　】<br>未参与【　】 | 自查工作任务 | | |
| | | | 更正错误信息 | | |
| | | | 完善工作内容 | | |
| 备注 | 请在教学评价栏目中填写：A、B 或 C　　其中，A—能；B—勉强能；C—不能 | | | | |
| 学生心得 | | | | | |
| | | | | | |
| 教师寄语 | | | | | |
| | | | | | |

# 任务3 楼层显示错误故障

## 任务描述

在电梯运行过程中，发现电梯轿厢所在位置与楼层显示器显示数据不一致。请根据电梯电路原理并结合故障现象，对此故障进行分析和检修。

## 实施流程

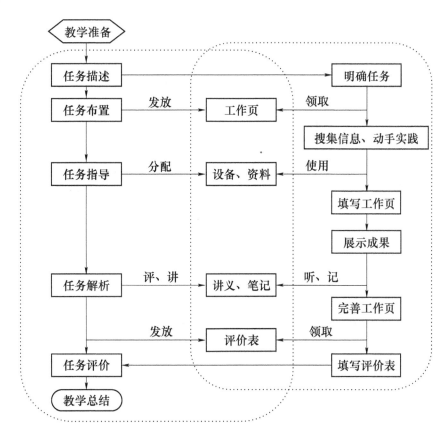

## 教学准备

### 一、资料准备

1. 安全门锁及抱闸控制回路原理图。

2. 维修记录表。

3. 工作页。

4. 评价表。

## 二、工具准备

安全帽、工作帽、万用表、试电笔、螺丝刀（一字型、十字型各一把）。

### 🔄 工作步骤

**楼层显示错误故障——工作页**

班级_____ 姓名_____ 日期_____ 成绩_____

| 工作步骤 | 工作内容 | 注意事项 |
|---|---|---|
| Step1：设置（检查）故障警示标志 | 在基站设置围栏；在工作层站设置维修警示牌 | |
| Step2：检查维保人员安全保护措施 | | 如有井道内作业，需系好安全带 |
| Step3：观察故障现象 | 1. 电梯集选功能状态 _____（正常、不正常） <br> 2. 楼层显示器状态 _____（正常、不正常） 具体情况：_____ <br> 3. 与主控制板 Y10、Y11 输出状态比对 _____ | |

| 工作步骤 | 工作内容 | 注意事项 |
|---|---|---|
| Step4：可能的故障原因 | 1.<br><br>2.<br><br>3. | |
| Step5：检查过程和方法 | 反查故障现象对应的线路，写出检查步骤： | |
| Step6：确定故障点 | 根据上一步的检查结果，确定可能存在故障的点，可进一步查找原因<br><br><br>故障点：＿＿＿＿＿＿ | |
| Step7：排除故障，上电试运行 | 排除方法：<br><br><br>上电试运行： | |

## ⟳ 教学评价

**滚动信号丢失故障——评价表**

班级_____ 姓名_____ 日期_____ 成绩_____

| 序号 | 教学环节 | 参与情况 | 考核内容 | 教学评价 | |
|---|---|---|---|---|---|
| | | | | 自我评价 | 教师评价 |
| 1 | 明确任务 | 参 与【 】<br>未参与【 】 | 领会任务意图 | | |
| | | | 掌握任务内容 | | |
| | | | 明确任务要求 | | |
| 2 | 搜集信息<br>动手实践 | 参 与【 】<br>未参与【 】 | 完成任务操作 | | |
| | | | 搜集任务信息 | | |
| | | | 记录实践数据 | | |
| 3 | 填写工作页 | 参 与【 】<br>未参与【 】 | 明确工作步骤 | | |
| | | | 完成工作任务 | | |
| | | | 填写工作内容 | | |
| 4 | 展示成果 | 参 与【 】<br>未参与【 】 | 聆听成果分享 | | |
| | | | 参与成果展示 | | |
| | | | 提出修改建议 | | |
| 5 | 整理笔记 | 参 与【 】<br>未参与【 】 | 聆听任务解析 | | |
| | | | 整理解析内容 | | |
| | | | 完成学习笔记 | | |
| 6 | 完善工作页 | 参 与【 】<br>未参与【 】 | 自查工作任务 | | |
| | | | 更正错误信息 | | |
| | | | 完善工作内容 | | |
| 备注 | 请在教学评价栏目中填写：A、B 或 C 　其中，A—能；B—勉强能；C—不能 | | | | |
| 学生心得 | | | | | |
| | | | | | |
| 教师寄语 | | | | | |
| | | | | | |

# 任务 4　开关门指令无响应故障

## 任务描述

在电梯运行过程中，电梯在到达平层开门后，无法关门，开关门按钮亦无效，检修状态下也无法关门。请根据电梯电路原理并结合故障现象，对此故障进行分析和检修。

## 实施流程

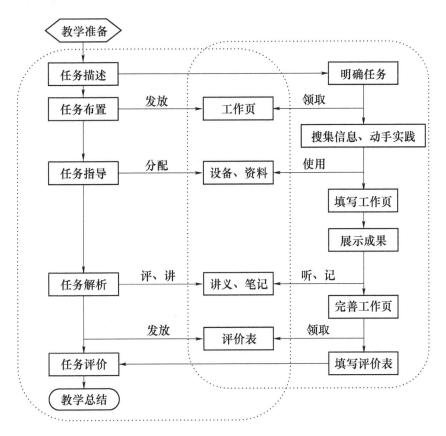

## 教学准备

### 一、资料准备

1. 电梯主控制系统原理图、门机控制原理图。
2. 维修记录表。

3．工作页。

4．评价表。

## 二、工具准备

安全帽、工作帽、万用表、试电笔、螺丝刀（一字型、十字型各一把）。

## 工作步骤

### 开关门指令无响应故障——工作页

班级＿＿＿＿＿＿＿＿＿　姓名＿＿＿＿＿＿＿＿＿　日期＿＿＿＿＿＿＿＿＿　成绩＿＿＿＿＿＿＿＿＿

| 工作步骤 | 工作内容 | 注意事项 |
|---|---|---|
| Step1：设置（检查）故障警示标志 | 在基站设置围栏；在工作层站设置维修警示牌 | |
| Step2：检查维保人员安全保护措施 | | 如有井道内作业，需系好安全带 |
| Step3：观察故障现象 | 1．电梯集选功能状态 ＿＿＿＿＿＿＿＿（正常、不正常）<br><br>2．楼层显示器状态 ＿＿＿＿＿＿＿＿（正常、不正常）<br><br>3．外呼按钮、内呼开关门按钮信号登记情况：＿＿＿＿＿＿（正常、不正常）<br><br>4．主控制板 Y6、Y7 开关门信号输出情况：＿＿＿＿＿＿（正常、不正常）<br><br>5．门机控制器开关门指令接收情况：＿＿＿＿＿＿＿＿（正常、不正常）<br><br>6．门机输入公共端信号反馈情况：＿＿＿＿＿＿＿＿（正常、不正常） | |

| 工作步骤 | 工作内容 | 注意事项 |
|---|---|---|
| Step4：分析可能的故障原因 | 1.<br><br>2.<br><br>3. | |
| Step5：检查过程和方法 | 反查故障现象对应的线路，写出检查步骤： | |
| Step6：确定故障点 | 根据上一步的检查结果，确定可能存在故障的点，可进一步查找原因<br><br><br><br>故障点：＿＿＿＿＿＿＿ | |
| Step7：排除故障，上电试运行 | 排除方法：<br><br><br><br><br>上电试运行： | |

## 🌀 教学评价

**开关门指令无响应故障——评价表**

班级＿＿＿＿＿＿＿＿ 姓名＿＿＿＿＿＿＿＿ 日期＿＿＿＿＿＿＿＿ 成绩＿＿＿＿＿＿＿＿

| 序号 | 教学环节 | 参与情况 | 考核内容 | 教学评价 | |
|---|---|---|---|---|---|
| | | | | 自我评价 | 教师评价 |
| 1 | 明确任务 | 参 与【 】<br>未参与【 】 | 领会任务意图 | | |
| | | | 掌握任务内容 | | |
| | | | 明确任务要求 | | |
| 2 | 搜集信息<br>动手实践 | 参 与【 】<br>未参与【 】 | 完成任务操作 | | |
| | | | 搜集任务信息 | | |
| | | | 记录实践数据 | | |
| 3 | 填写工作页 | 参 与【 】<br>未参与【 】 | 明确工作步骤 | | |
| | | | 完成工作任务 | | |
| | | | 填写工作内容 | | |
| 4 | 展示成果 | 参 与【 】<br>未参与【 】 | 聆听成果分享 | | |
| | | | 参与成果展示 | | |
| | | | 提出修改建议 | | |
| 5 | 整理笔记 | 参 与【 】<br>未参与【 】 | 聆听任务解析 | | |
| | | | 整理解析内容 | | |
| | | | 完成学习笔记 | | |
| 6 | 完善工作页 | 参 与【 】<br>未参与【 】 | 自查工作任务 | | |
| | | | 更正错误信息 | | |
| | | | 完善工作内容 | | |
| 备注 | 请在教学评价栏目中填写：A、B或C　　其中，A—能；B—勉强能；C—不能 | | | | |
| 学生心得 | | | | | |
| | | | | | |
| 教师寄语 | | | | | |
| | | | | | |

### 知识链接

#### 一、电梯楼层显示器功能分析

根据《GB/T 7024—2008 电梯、自动扶梯、自动人行道术语标准》给出的定义：

（1）轿厢位置显示装置，设置在轿厢内，是显示其运行位置和（或）方向的装置。

（2）层门位置显示装置，设置在层门上方或一侧，是显示轿厢运行位置和方向的装置。

（3）层门方向显示装置，设置在层门上方或一侧，是显示轿厢运行方向的装置。

YL–777 型电梯在每一个层站和轿厢内均设置一个楼层显示装置，可以显示轿厢运行方向、轿厢当前位置、检修、超载等信息，在轿厢运行过程中，运行方向指示箭头会有滚动效果。

各处楼层显示器模块与主控制系统对应的 Y 端口以并口形式并联连接。其中楼层显示 A、楼层显示 B 以 BCD 码编码，B 为高位，A 为低位，经编码后由七段数码管显示为数字。例如，当 B 为 DC 24 V，A 为 0 时，显示为 2；当 B 为 0，A 为 DC 24 V 时，显示为 1。YL–777 电梯的楼层显示器选用共阴极数码管，当 A 与 B 同为 0 时，数码管为消隐状态，无显示。因为该型电梯只有 2 层 2 站，所以显示为其他内容时均为故障状态。

从原理图（见附录图 A–9）可以看出，滚动信号的使能由抱闸接触器 JBZ 常开触点控制，也就是当 JBZ 线圈上电，常开触点闭合，楼层显示器 ROLL 端口得到 DC 24 V 有效电压，则滚动信号生效，即曳引机松闸时滚动信号生效。

#### 二、电梯门机控制器功能分析

电梯门机控制原理图可见附录图 A–10。门机控制器由控制电源电路 AC 220 V 电压提供工作电源，该电压经过变频后，也作为门机驱动电源。

门机控制器的控制部分分为两部分：一是由主控制器向门机控制器发出的开关门指令；二是由门机控制器向主控制器发送的开关门到位信号。

当主控制器 Y6 端口输出开门指令（DC 24 V），门机控制器得到信号后，其中的电子开关接通，由输入公共端向主控制器输出 DC 24 V，至此开门指令有生效，门机执行开门动作，当门完全打开之后，门机控制器开门限位输出端 B2 输出 0，关门限位输出端 B3 输出 DC 24 V；反之门完全关闭之后，门机控制器开门限位输出端 B2 输出 DC 24 V，关门限位输出端 B3 输出 0。开关门限位输出信号由输出公共端提供 DC 24 V 电源。

### 思考与练习

请简要分析门机控制故障的排查流程。

**6**

项目六

# 电梯照明电路及应急通信电路
# 分析与故障诊断

## 教学目标

> ❈ 了解电梯照明电路及应急通信电路的组成；
> ❈ 理解电梯照明电路及应急通信电路的控制过程和工作原理；
> ❈ 掌握电梯照明电路及应急通信电路的故障分析和诊断方法与流程；
> ❈ 能够根据工作原理完成故障点判断并排除故障。

## 任务1　照明电路故障

## 任务描述

　　电梯运行过程中，轿厢照明灯意外熄灭。请根据电梯电路原理并结合故障现象，对此故障进行分析和检修。

## 实施流程

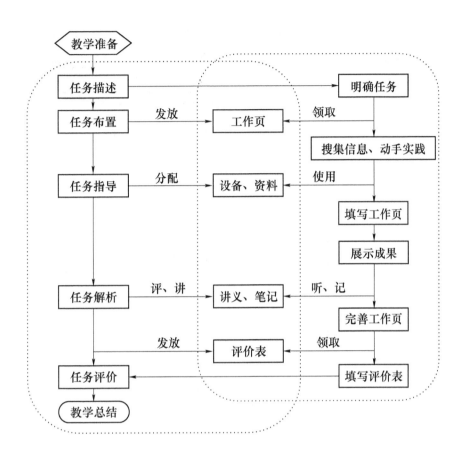

## 教学准备

### 一、资料准备

1. 照明回路原理图。
2. 维修记录表。
3. 工作页。
4. 评价表。

### 二、工具准备

安全帽、工作帽、万用表、试电笔、螺丝刀（一字型、十字型各一把）。

## 🔄 工作步骤

照明电路故障——工作页

班级＿＿＿＿＿＿＿＿　姓名＿＿＿＿＿＿＿＿　日期＿＿＿＿＿＿＿＿　成绩＿＿＿＿＿＿＿

| 工作步骤 | 工作内容 | 注意事项 |
|---|---|---|
| Step1：设置（检查）故障警示标志 | 在基站设置围栏；在工作层站设置维修警示牌 | |
| Step2：检查维保人员安全保护措施 | | 如有井道内作业，需系好安全带 |
| Step3：观察故障现象 | 1. 轿厢照明功能：＿＿＿＿＿＿＿＿（正常、不正常）<br><br>2. 轿厢风扇功能：＿＿＿＿＿＿＿＿（正常、不正常）<br><br>3. 轿顶照明功能：＿＿＿＿＿＿＿＿（正常、不正常）<br><br>4. 底坑照明功能：＿＿＿＿＿＿＿＿（正常、不正常）<br><br>5. 轿厢插座功能：＿＿＿＿＿＿＿＿（正常、不正常）<br><br>6. 底坑插座功能：＿＿＿＿＿＿＿＿（正常、不正常）<br><br>8. 井道照明功能：＿＿＿＿＿＿＿＿（正常、不正常）<br><br>9. 节能控制功能：＿＿＿＿＿＿＿＿（正常、不正常） | |

| 工作步骤 | 工作内容 | 注意事项 |
|---|---|---|
| Step4：分析可能的故障原因 | 1.<br><br>2.<br><br>3. | |
| Step5：检查过程和方法 | 1. 电源检查：<br>_____<br>2. 断路器 NK1 功能检查：<br>_____<br>3. 轿厢照明开关 LAMB 功能检查：<br>_____<br>4. 照明电路光源功能检查：<br>_____<br>5. 节能控制输出端口 Y3 观察：<br>_____<br>6. 节能控制继电器检查：<br>_____ | |
| Step6：确定故障点 | 根据上一步的检查结果，确定可能存在故障的点，可进一步查找原因<br><br><br>故障点：_____ | |
| Step7：排除故障，上电试运行 | 排除方法：<br><br><br><br>上电试运行： | |

## 教学评价

### 开关门指令无响应故障——评价表

班级＿＿＿＿＿＿　姓名＿＿＿＿＿＿　日期＿＿＿＿＿＿　成绩＿＿＿＿＿＿

| 序号 | 教学环节 | 参与情况 | 考核内容 | 教学评价 | |
|---|---|---|---|---|---|
| | | | | 自我评价 | 教师评价 |
| 1 | 明确任务 | 参　与【　】<br>未参与【　】 | 领会任务意图 | | |
| | | | 掌握任务内容 | | |
| | | | 明确任务要求 | | |
| 2 | 搜集信息<br>动手实践 | 参　与【　】<br>未参与【　】 | 完成任务操作 | | |
| | | | 搜集任务信息 | | |
| | | | 记录实践数据 | | |
| 3 | 填写工作页 | 参　与【　】<br>未参与【　】 | 明确工作步骤 | | |
| | | | 完成工作任务 | | |
| | | | 填写工作内容 | | |
| 4 | 展示成果 | 参　与【　】<br>未参与【　】 | 聆听成果分享 | | |
| | | | 参与成果展示 | | |
| | | | 提出修改建议 | | |
| 5 | 整理笔记 | 参　与【　】<br>未参与【　】 | 聆听任务解析 | | |
| | | | 整理解析内容 | | |
| | | | 完成学习笔记 | | |
| 6 | 完善工作页 | 参　与【　】<br>未参与【　】 | 自查工作任务 | | |
| | | | 更正错误信息 | | |
| | | | 完善工作内容 | | |
| 备注 | 请在教学评价栏目中填写：A、B或C　　其中，A—能；B—勉强能；C—不能 | | | | |
| 学生心得 | | | | | |
| | | | | | |
| 教师寄语 | | | | | |
| | | | | | |

# 任务2　应急照明故障

## 任务描述

电梯运行过程中，意外发生停电故障，而电梯轿厢中的应急灯却没有及时打开。请根据电梯电路原理并结合故障现象，对此故障进行分析和检修。

## 实施流程

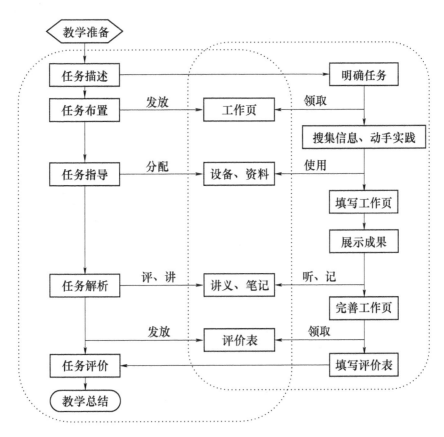

## 教学准备

### 一、资料准备

1. 应急通信原理图。
2. 维修记录表。

3. 工作页。

4. 评价表。

## 二、工具准备

安全帽、工作帽、万用表、试电笔、螺丝刀（一字型、十字型各一把）。

## 🔁 工作步骤

**应急照明及 AB 警铃电路故障——工作页**

班级_____姓名_____日期_____成绩_____

| 工作步骤 | 工作内容 | 注意事项 |
|---|---|---|
| Step1：设置（检查）故障警示标志 | 在基站设置围栏；在工作层站设置维修警示牌 | |
| Step2：检查维保人员安全保护措施 | | 如有井道内作业，需系好安全带 |
| Step3：观察故障现象 | 1. 应急照明功能：_____（正常、不正常）<br>2. AB 警铃功能：_____（正常、不正常） | |

续表

| 工作步骤 | 工作内容 | 注意事项 |
|---|---|---|
| Step4：分析可能的故障原因 | 1.<br><br><br>2.<br><br><br>3. | |
| Step5：检查过程和方法 | 1. DPS 电源输出电压：_____<br>2. 应急照明光源检查：_____<br>3. AB 警铃检查：_____<br>4. AB 警铃按钮检查：_____ | |
| Step6：确定故障点 | 根据上一步的检查结果，确定可能存在故障的点，可进一步查找原因<br><br><br>故障点：_____ | |
| Step7：排除故障，上电试运行 | 排除方法：<br><br><br><br>上电试运行： | |

## 🔄 教学评价

**应急照明及 AB 警铃电路故障——评价表**

班级＿＿＿＿＿＿＿＿　姓名＿＿＿＿＿＿＿＿＿　日期＿＿＿＿＿＿＿＿＿＿　成绩＿＿＿＿＿＿

| 序号 | 教学环节 | 参与情况 | 考核内容 | 教学评价 | |
|---|---|---|---|---|---|
| | | | | 自我评价 | 教师评价 |
| 1 | 明确任务 | 参　与【　】<br>未参与【　】 | 领会任务意图 | | |
| | | | 掌握任务内容 | | |
| | | | 明确任务要求 | | |
| 2 | 搜集信息<br>动手实践 | 参　与【　】<br>未参与【　】 | 完成任务操作 | | |
| | | | 搜集任务信息 | | |
| | | | 记录实践数据 | | |
| 3 | 填写工作页 | 参　与【　】<br>未参与【　】 | 明确工作步骤 | | |
| | | | 完成工作任务 | | |
| | | | 填写工作内容 | | |
| 4 | 展示成果 | 参　与【　】<br>未参与【　】 | 聆听成果分享 | | |
| | | | 参与成果展示 | | |
| | | | 提出修改建议 | | |
| 5 | 整理笔记 | 参　与【　】<br>未参与【　】 | 聆听任务解析 | | |
| | | | 整理解析内容 | | |
| | | | 完成学习笔记 | | |
| 6 | 完善工作页 | 参　与【　】<br>未参与【　】 | 自查工作任务 | | |
| | | | 更正错误信息 | | |
| | | | 完善工作内容 | | |
| 备注 | 请在教学评价栏目中填写：A、B 或 C　　其中，A—能；B—勉强能；C—不能 | | | | |
| 学生心得 | | | | | |
| | | | | | |
| 教师寄语 | | | | | |
| | | | | | |

# 任务 3 五方对讲功能故障

## 任务描述

某电梯运行过程中发生故障，有乘客被困轿厢，但轿厢对讲却无法与值班室取得联系，造成乘客长时间被困而无法报警。请根据电梯电路原理并结合故障现象，对此故障进行分析和检修。

## 实施流程

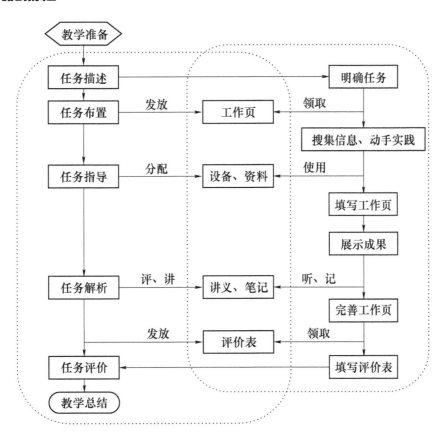

## 教学准备

### 一、资料准备

1. 应急通信原理图。

2. 维修记录表。

3. 工作页。

4. 评价表。

## 二、工具准备

安全帽、工作帽、万用表、试电笔、螺丝刀（一字型、十字型各一把）。

## 工作步骤

### 五方对讲功能故障——工作页

班级_____ 姓名_____ 日期_____ 成绩_____

| 工作步骤 | 工作内容 | 注意事项 |
|---|---|---|
| Step1：设置（检查）故障警示标志 | 在基站设置围栏；在工作层站设置维修警示牌 | |
| Step2：检查维保人员安全保护措施 | | 如有井道内作业，需系好安全带 |
| Step3：观察故障现象 | 五方对讲功能测试： | |

续表

| 工作步骤 | 工作内容 | 注意事项 |
|---|---|---|
| Step4：分析可能的故障原因 | 1.<br><br>2.<br><br>3. | |
| Step5：检查过程和方法 | 1. DPS 电源输出电压：＿＿＿＿＿<br>2. 对讲机替换测试：<br><br>＿＿＿＿＿＿＿＿＿＿＿＿＿＿<br>＿＿＿＿＿＿＿＿＿＿＿＿＿＿<br>＿＿＿＿＿＿＿＿＿＿＿＿＿＿<br><br>3. 故障对讲线路检查：<br><br>＿＿＿＿＿＿＿＿＿＿＿＿＿＿<br>＿＿＿＿＿＿＿＿＿＿＿＿＿＿<br>＿＿＿＿＿＿＿＿＿＿＿＿＿＿<br>＿＿＿＿＿＿＿＿＿＿＿＿＿＿ | |
| Step6：确定故障点 | 根据上一步的检查结果，确定可能存在故障的点，可进一步查找原因<br><br><br>故障点：＿＿＿＿＿＿＿＿ | |
| Step7：排除故障，上电试运行 | 排除方法：<br><br><br>上电试运行： | |

## 🔄 教学评价

### 五方对讲功能故障——评价表

班级＿＿＿＿＿＿＿＿　姓名＿＿＿＿＿＿＿＿　日期＿＿＿＿＿＿＿＿　成绩＿＿＿＿＿＿＿＿

| 序号 | 教学环节 | 参与情况 | 考核内容 | 教学评价 | |
|---|---|---|---|---|---|
| | | | | 自我评价 | 教师评价 |
| 1 | 明确任务 | 参　与【　】<br>未参与【　】 | 领会任务意图 | | |
| | | | 掌握任务内容 | | |
| | | | 明确任务要求 | | |
| 2 | 搜集信息<br>动手实践 | 参　与【　】<br>未参与【　】 | 完成任务操作 | | |
| | | | 搜集任务信息 | | |
| | | | 记录实践数据 | | |
| 3 | 填写工作页 | 参　与【　】<br>未参与【　】 | 明确工作步骤 | | |
| | | | 完成工作任务 | | |
| | | | 填写工作内容 | | |
| 4 | 展示成果 | 参　与【　】<br>未参与【　】 | 聆听成果分享 | | |
| | | | 参与成果展示 | | |
| | | | 提出修改建议 | | |
| 5 | 整理笔记 | 参　与【　】<br>未参与【　】 | 聆听任务解析 | | |
| | | | 整理解析内容 | | |
| | | | 完成学习笔记 | | |
| 6 | 完善工作页 | 参　与【　】<br>未参与【　】 | 自查工作任务 | | |
| | | | 更正错误信息 | | |
| | | | 完善工作内容 | | |
| 备注 | 请在教学评价栏目中填写：A、B 或 C　　　其中，A—能；B—勉强能；C—不能 | | | | |
| 学生心得 | | | | | |
| | | | | | |
| 教师寄语 | | | | | |
| | | | | | |

## 📝 知识链接

### 一、电梯照明电路分析

**1. 井道照明**

井道照明由分别设置在机房和底坑的两个双控开关控制，井道各位置照明灯并联统一受控。

底坑照明灯和轿顶照明灯分别由设置在底坑和轿顶的开关控制。

**2. 轿厢照明**

轿厢内设有照明装置和排风装置，开关设置在轿厢内呼面板内，一般情况下均为闭合状态。

轿厢照明电路有节能功能设置，由主控制板输出端 Y3 控制节能继电器。当电梯正常运行时，Y3 输出为 0，轿厢照明电路中的节能继电器常闭触点接通，轿厢照明灯点亮；当电梯待机超过设定时间后，Y3 输出 DC 24 V，节能继电器线圈上电，常闭触点断开，轿厢照明熄灭，进入节能状态。

根据《GB 7588—2003 电梯制造与安装安全规范》规定，轿厢、井道、机房和滑轮间照明电源应与电梯驱动主机电源分开，可通过另外的电路或通过与主开关供电侧相连而获得照明电源。

轿厢、机房、滑轮间及底坑所需的插座电源，应取自上述电路。

这些插座是 2P+PE 型 250 V，直接供电，或根据 GB 14821.1 的规定，以安全电压供电。

上述插座的使用并不意味着其电源线需具有相应插座额定电流的截面积，只要导线有适当的过电流保护，其截面积可以小一些。

照明和插座电源的控制，应有一个控制电梯轿厢照明和插座电路电源的开关。如果机房中有几台电梯驱动主机，则每台电梯轿厢均需有一个开关。该开关应设置在相应的主开关旁。

机房内靠近入口处应有一个开关或类似装置来控制机房照明电源。

井道照明开关（或等效装置）应在机房和底坑分别装设，以便这两个地方均能控制井道照明。

以上所述的开关所控制的电路均应具有各自的短路保护。

照明电路原理图见附录图 A-2。

### 二、电梯应急通信电路分析

根据《GB 7588—2003　电梯制造与安装安全规范》对紧急报警装置的规定，为使乘客能向轿厢外求援，轿厢内应装设乘客易于识别和触及的报警装置。

该装置的供电应来自符合标准要求的紧急照明电源或等效电源。（注：该项要求不适用于轿内电话与公用电话网连接的情况。）

该装置应采用一个对讲系统以便与救援服务持续联系。在启动此对讲系统之后，被困乘客不必再做其他操作。

如果电梯行程大于 30 m，在轿厢和机房之间应设置符合标准要求的紧急电源供电的对讲系统或类似装置。

另外，根据《GB 7588—2003　电梯制造与安装安全规范》对应急照明电源的规定，电梯应有自动再充电的紧急照明电源，在正常照明电源中断的情况下，它能至少供 1 W 灯泡用电 1 h。在正常照明电源发生故障的情况下，应自动接通紧急照明电源。

YL-777 型电梯采用五方对讲，分别是机房主机、值班室主机、轿顶主机、轿厢母机和底坑子机，其中机房主机和值班室主机由应急电源供电（DC 12 V），轿顶主机、轿厢母机和底坑子机以音频调制形式并联连接。

 **思考与练习**

1. 电梯的主开关不应切断（　　）的供电电路。

A. 电梯井道照明　　　　　　　　B. 电气安全回路

C. 层站显示　　　　　　　　　　D. 开门电动机

2. 电梯的主开关不得切断（　　）的供电电路。【多选】

A. 轿厢照明和通风　　　　　　　B. 机房照明和电源插座

C. 轿顶和底坑的插座　　　　　　D. 电梯井道照明

E. 报警装置的供电电路

# 附录 A YL-777 型电梯实训考核装置电气原理图

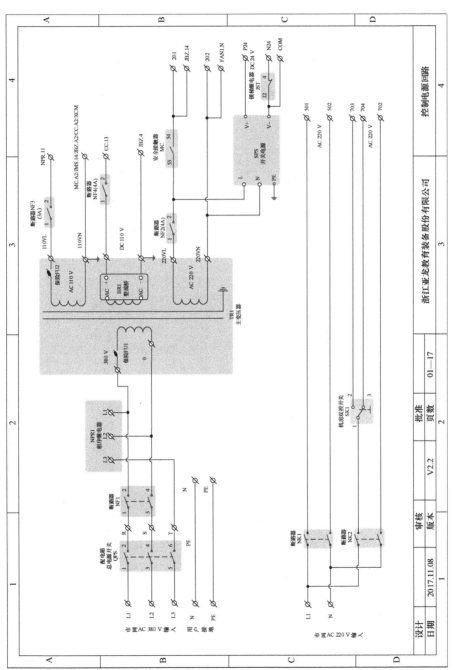

附录图 A-1 控制电源回路

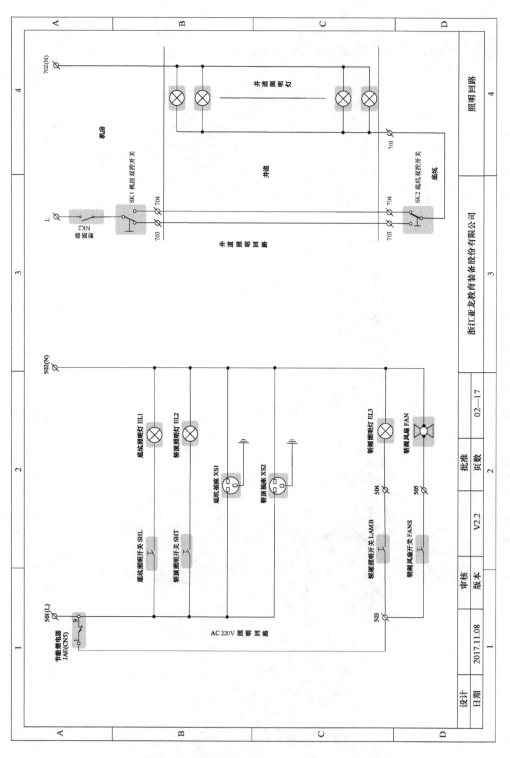

附录图 A-2  照明回路

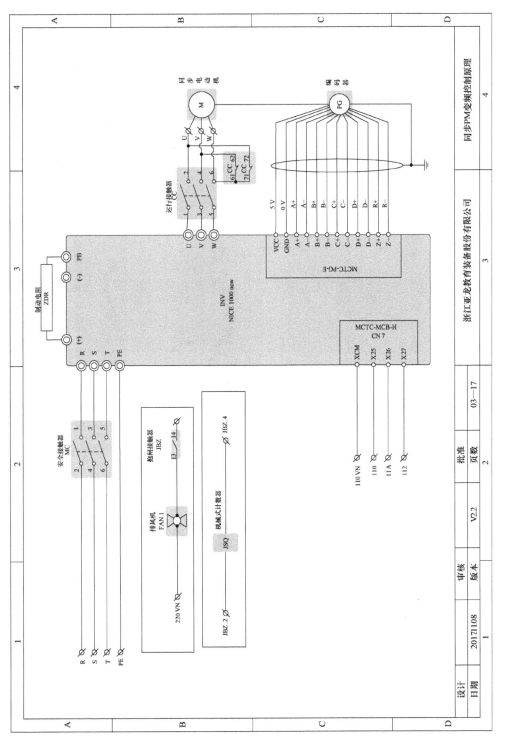

附录图 A-3　同步 PM 变频控制原理

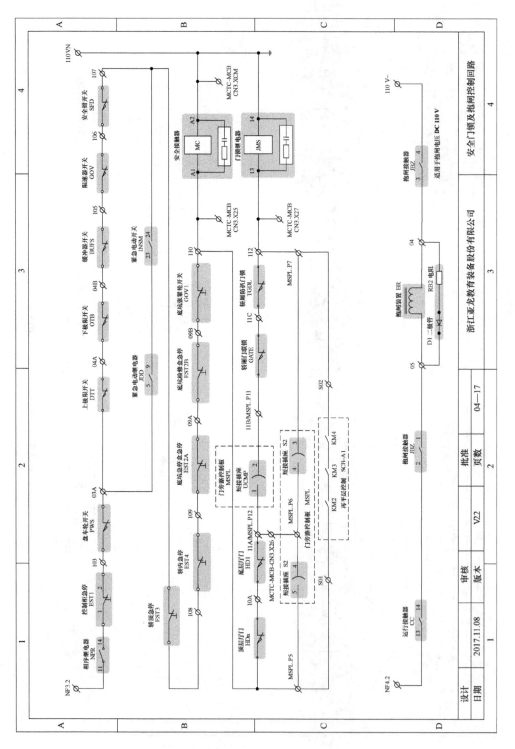

附录图 A-4 安全门锁及抱闸控制回路

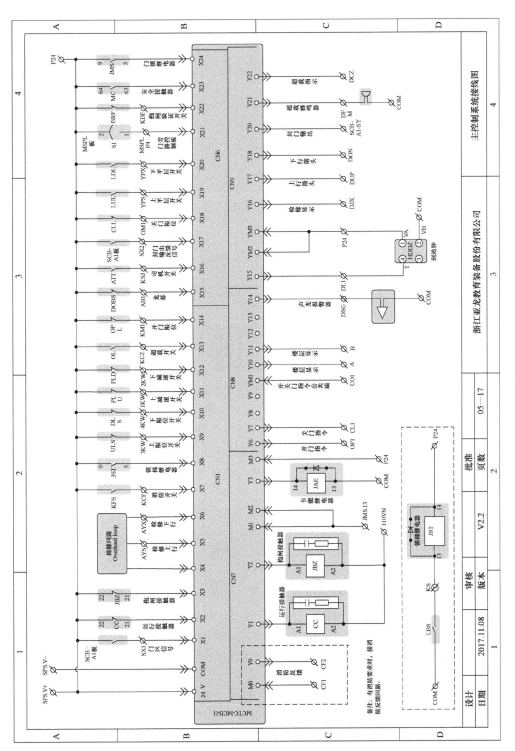

附录图 A－5　主控制系统接线图

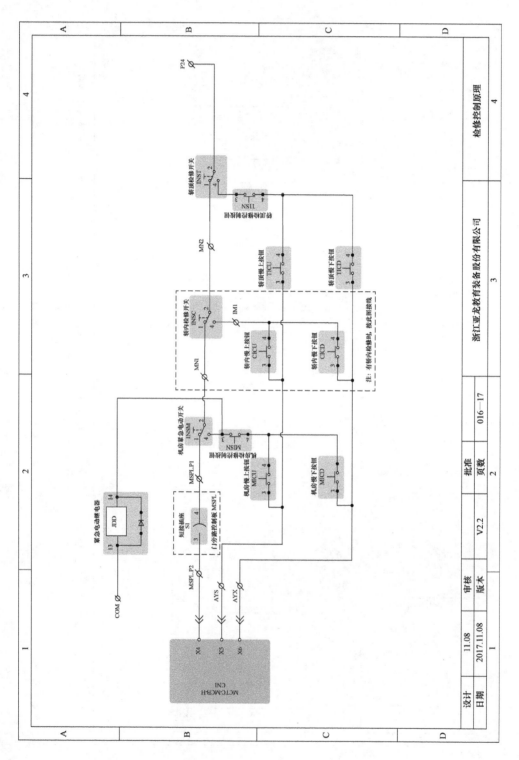

附录图 A－6 检修控制原理

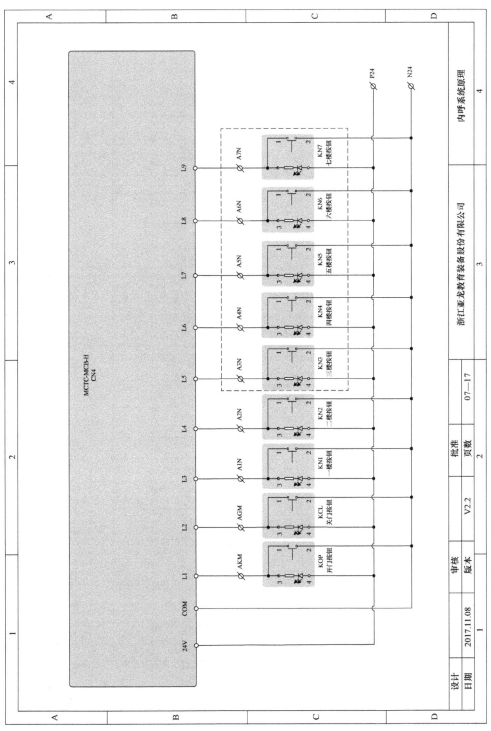

附录图 A－7　内呼系统原理

外呼系统原理

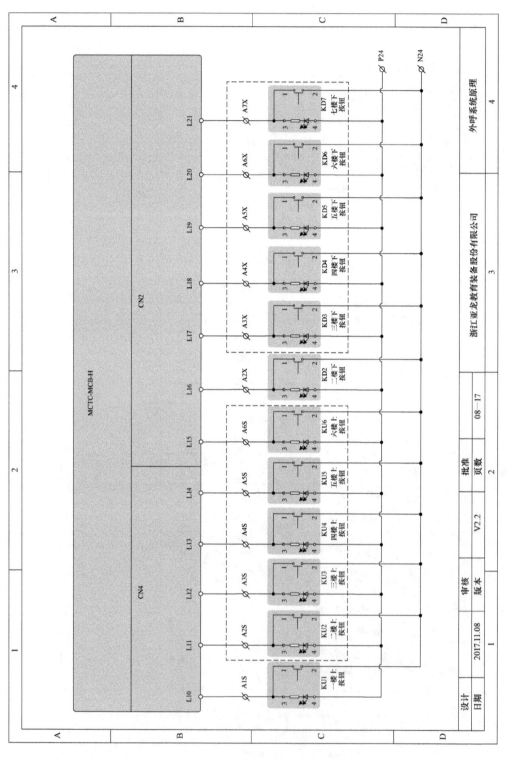

附录图 A-8　外呼系统原理

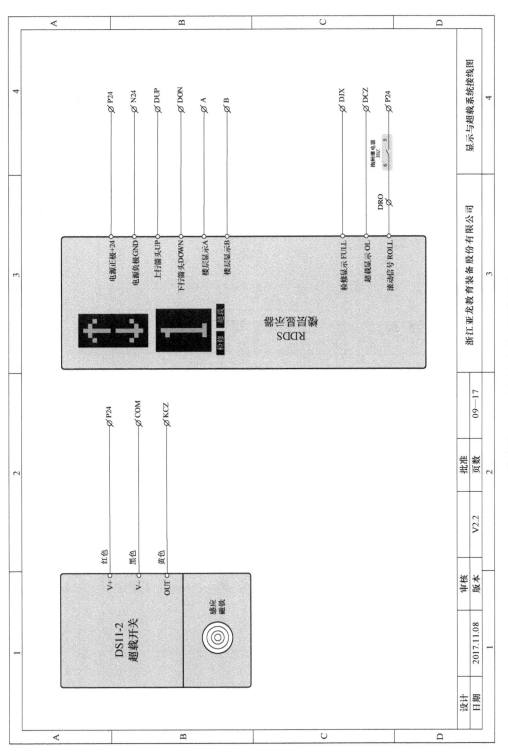

附录图 A－9　显示与超载系统接线图

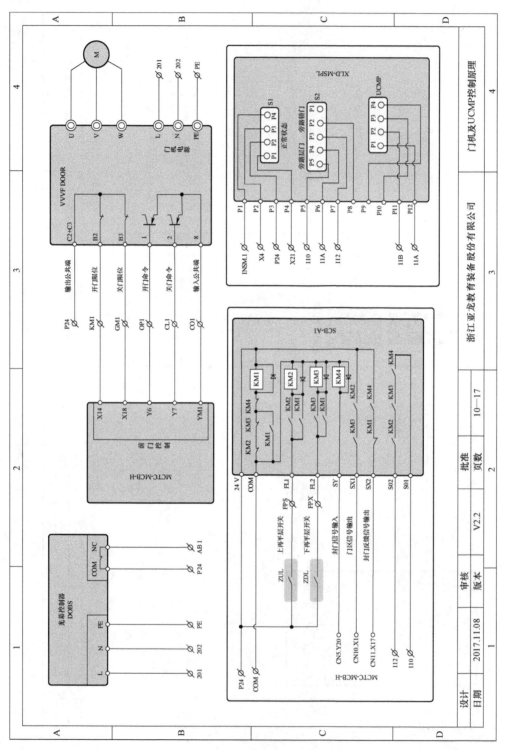

附录图 A-10 门机及 UCMP 控制原理

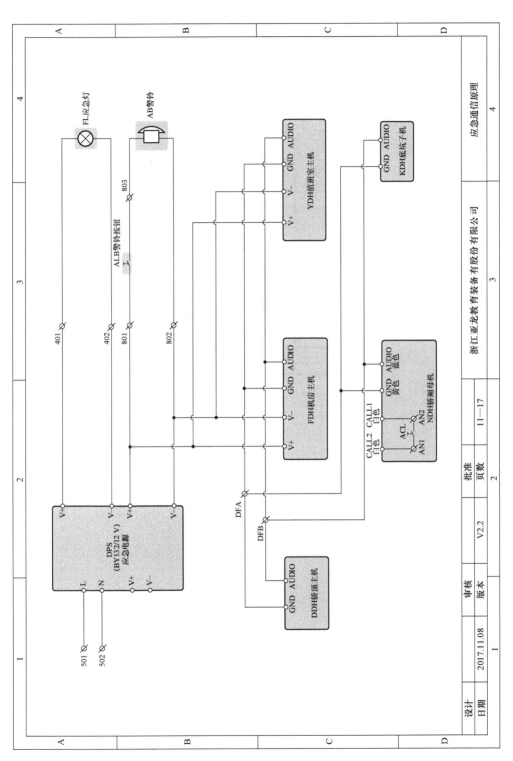

附录图 A-11　应急通信原理

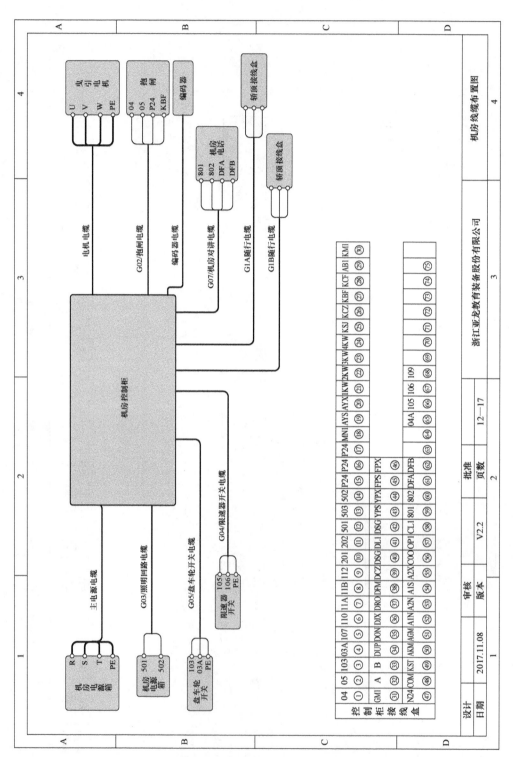

附录图 A－12　机房线缆布置图

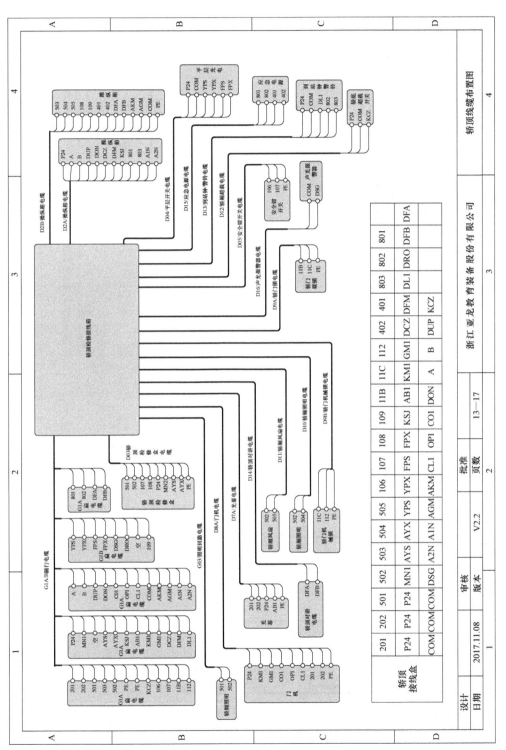

附录图 A-13　轿顶线缆布置图

| 轿顶接线盒 | 201 | 202 | 501 | 502 | 503 | 504 | 505 | 106 | 107 | 108 | 109 | 11B | 11C | 112 | 402 | 401 | 803 | 802 | 801 | |
|---|---|---|---|---|---|---|---|---|---|---|---|---|---|---|---|---|---|---|---|---|
| | P24 | P24 | MN1 | AYS | AYX | A1N | AGM | YPX | YPS | FPX | KSJ | AB1 | KM1 | GM1 | DCZ | DFM | DL1 | DRO | DFB | DFA |
| | COM | COM | COM | DSG | A2N | AKM | CL1 | FPS | OP1 | OP1 | CO1 | DON | A | B | DUP | KCZ | | | | |

| 设计 | | | 审核 | 版本 | V2.2 | 批准 | | 浙江亚龙教育装备股份有限公司 | 轿顶线缆布置图 |
|---|---|---|---|---|---|---|---|---|---|
| 日期 | 2017.11.08 | | | | | 页数 | 2 | 13—17 | |

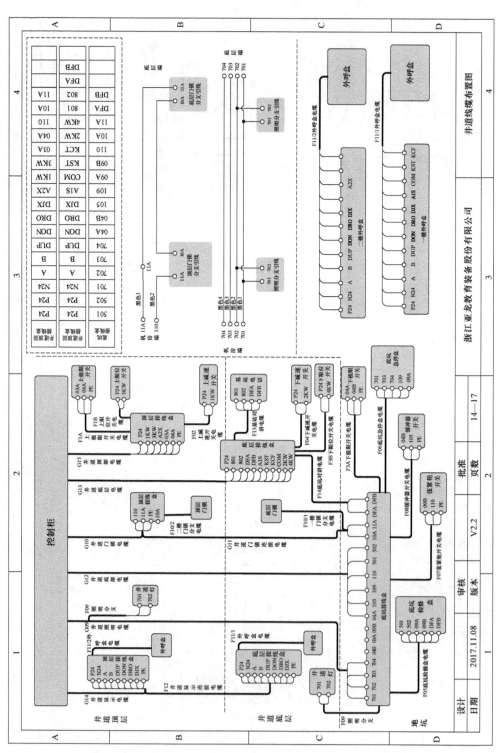

附录图 A-14　井道线缆布置图

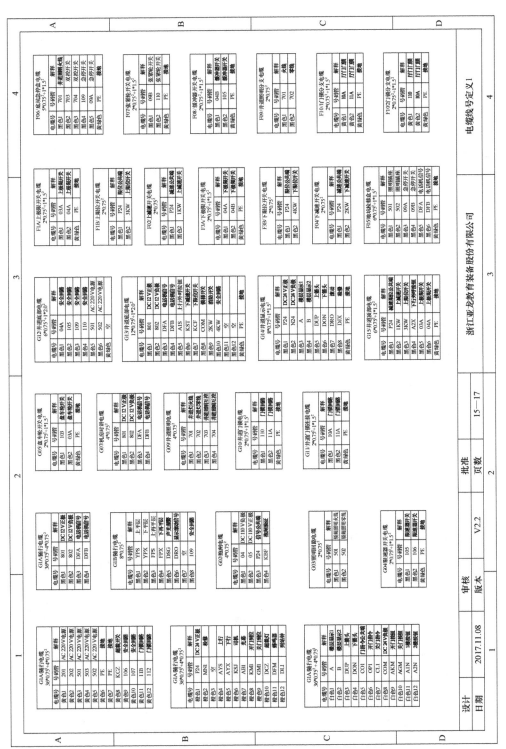

浙江亚龙教育装备股份有限公司

电缆线号定义 1

附录图 A-15  电缆线号定义 1

| 设计 | | 审核 | | 批准 | |
|---|---|---|---|---|---|
| 日期 | 2017.11.08 | 版本 | V2.2 | 页数 | 2 |
| | | | | | 15—17 |

**附录图 A–16　电缆线号定义2**

**电缆线号定义2**

浙江亚龙教育装备股份有限公司

| | | 批准 | 页数 | 16–17 |
|---|---|---|---|---|
| | | 审核 | 版本 | V2.2 |
| | | 设计 | 日期 | 2017.11.08 |

**F11/1呼盒电缆 12*0.75²+1*1.5²**

| 电缆号 | 号码管 | 解释 |
|---|---|---|
| 黑色1 | P24 | DC24V正极 |
| 黑色2 | N24 | DC24V负极 |
| 黑色3 | A | 楼层显示 |
| 黑色4 | DUP | 上箭头 |
| 黑色5 | DRO | 滚动 |
| 黑色6 | DIX | 下箭头 |
| 黑色7 | AIS | 上行呼梯按钮 |
| 黑色8 | COM | 按钮公共端 |
| 黑色9 | KST | 钥匙开关 |
| 黑色10 | KCF | 消防开关 |
| 黑色11 | | |
| 黑色12 | PE | 接地 |

**F11/2井道显示电缆 8*0.75²+1*1.5²**

| 电缆号 | 号码管 | 解释 |
|---|---|---|
| 黑色1 | P24 | DC24V正极 |
| 黑色2 | N24 | DC24V负极 |
| 黑色3 | A | 楼层显示 |
| 黑色4 | B | 楼层显示2 |
| 黑色5 | DUP | 上箭头 |
| 黑色6 | DON | 下箭头 |
| 黑色7 | DRO | 滚动 |
| 黑色8 | DIX | 下箭头 |
| 黑色9 | | |
| 黑色10 | | |
| 黄绿色 | PE | 接地 |

**F12井道显示返平表电缆 8*0.75²+1*1.5²**

| 电缆号 | 号码管 | 解释 |
|---|---|---|
| 黑色1 | P24 | DC24V正极 |
| 黑色2 | N24 | DC24V负极 |
| 黑色3 | A | 楼层显示 |
| 黑色4 | B | 楼层显示2 |
| 黑色5 | DUP | 上箭头 |
| 黑色6 | DON | 下箭头 |
| 黑色7 | DRO | 滚动 |
| 黑色8 | DIX | 下箭头 |
| 黑色9 | | |
| 黑色10 | | |
| 黄绿色 | PE | 接地 |

**F13底坑对讲电缆 2*0.75²**

| 电缆号 | 号码管 | 解释 |
|---|---|---|
| 黑色1 | 801 | DC12V正极 |
| 黑色2 | 802 | DC12V负极 |
| 黑色3 | DFA | 电话机信号 |
| 黑色4 | DFB | 电话机信号 |

**F14地坑对讲电缆 2*0.75²**

| 电缆号 | 号码管 | 解释 |
|---|---|---|
| 黑色1 | DFA | 电话机信号 |
| 黑色2 | DFB | 电话机信号 |

**D2A轿顶箱电缆 12*0.75²+1*1.5²**

| 电缆号 | 号码管 | 解释 |
|---|---|---|
| 黑色1 | A | 楼层显示 |
| 黑色2 | B | 楼层显示2 |
| 黑色3 | DUP | 上箭头 |
| 黑色4 | DON | 下箭头 |
| 黑色5 | DCZ | 超载灯 |
| 黑色6 | KSJ | 电机 |
| 黑色7 | 801 | DC12V正极 |
| 黑色8 | 803 | 警铃按钮 |
| 黑色9 | A1N | 1楼按钮 |
| 黑色10 | A2N | 2楼按钮 |
| 黑色11 | | 空 |
| 黄绿色 | PE | 接地 |

**D2B轿顶箱电缆 12*0.75²+1*1.5²**

| 电缆号 | 号码管 | 解释 |
|---|---|---|
| 黑色1 | 503 | 开关公共端 |
| 黑色2 | 504 | 照明开关 |
| 黑色3 | 505 | 风扇开关 |
| 黑色4 | 108 | 急修开关 |
| 黑色5 | 109 | 急修开关 |
| 黑色6 | 401 | DC12V正极 |
| 黑色7 | 402 | DC12V负极 |
| 黑色8 | DFA | 电话机信号 |
| 黑色9 | DFB | 电话机信号 |
| 黑色10 | AKM | 开门按钮 |
| 黑色11 | AGM | 关门按钮 |
| 黑色12 | PE | 接地 |
| 黄绿色 | | |

**D03轿厢检修盒电缆 8*0.75²+1*1.5²**

| 电缆号 | 号码管 | 解释 |
|---|---|---|
| 黑色1 | 901 | 照明抽离 |
| 黑色2 | 502 | 照明抽离 |
| 黑色3 | 107 | 急修开关 |
| 黑色4 | 108 | 急修开关 |
| 黑色5 | P24 | 信号公共端 |
| 黑色6 | MN2 | 检修开关 |
| 黑色7 | AYS | 上行按钮 |
| 黑色8 | AYX | 下行按钮 |
| 黄绿色 | PE | 接地 |

**D04平层开关电缆 6*0.75²+1*1.5²**

| 电缆号 | 号码管 | 解释 |
|---|---|---|
| 黑色1 | P24 | DC24V正极 |
| 黑色2 | COM | DC24V负极 |
| 黑色3 | YPS | 上平层 |
| 黑色4 | YPX | 下平层 |
| 黑色5 | FPS | 上平层 |
| 黑色6 | FPX | 下平层 |
| 黄绿色 | PE | 接地 |

**D05安全钳开关电缆 2*0.75²+1*1.5²**

| 电缆号 | 号码管 | 解释 |
|---|---|---|
| 黑色1 | 106 | 安全钳开关 |
| 黑色2 | 107 | 安全钳开关 |
| 黄绿色 | PE | 接地 |

**D7A光幕电缆 4*0.75²+1*1.5²**

| 电缆号 | 号码管 | 解释 |
|---|---|---|
| 黑色1 | 200 | AC220V电源 |
| 黑色2 | 202 | AC220V电源 |
| 黑色3 | P24 | 光幕信号 |
| 黑色4 | AB1 | 光幕信号 |
| 黄绿色 | PE | 接地 |

**D8A门机电缆 8*0.75²+1*1.5²**

| 电缆号 | 号码管 | 解释 |
|---|---|---|
| 黑色1 | P24 | 限位公共端 |
| 黑色2 | KMI | 开门限位 |
| 黑色3 | GMI | 关门限位 |
| 黑色4 | CO1 | 静态公共端 |
| 黑色5 | OP1 | 开门指令 |
| 黑色6 | CL1 | 关门指令 |
| 黑色7 | 201 | AC220V电源 |
| 黑色8 | 201 | AC220V电源 |
| 黄绿色 | PE | 接地 |

**D9A轿门门锁电缆 2*0.75²+1*1.5²**

| 电缆号 | 号码管 | 解释 |
|---|---|---|
| 黑色1 | 11B | 轿门门锁 |
| 黑色2 | 11C | 轿门门锁 |
| 黄绿色 | PE | 接地 |

**D9B轿门机械门锁电缆 2*0.75²+1*1.5²**

| 电缆号 | 号码管 | 解释 |
|---|---|---|
| 黑色1 | 11C | 防机门锁 |
| 综色2 | 112 | 防机门锁 |
| 黄绿色 | PE | 接地 |

**D10轿厢照明电缆 2*0.75²**

| 电缆号 | 号码管 | 解释 |
|---|---|---|
| 黑色1 | 502 | 零线 |
| 黑色2 | 504 | 火线 |

**D11轿厢风扇电缆 2*0.75²**

| 电缆号 | 号码管 | 解释 |
|---|---|---|
| 黑色1 | 502 | 零线 |
| 黑色2 | 505 | 火线 |

**D12轿顶超载电缆 2*0.75²+1*1.5²**

| 电缆号 | 号码管 | 解释 |
|---|---|---|
| 黑色1 | P24 | 限载公共端 |
| 黑色2 | COM | DC24V负极 |
| 黄绿色 | KCZ | 接地 |

**D13零转列线接电缆 8*0.75²+1*1.5²**

| 电缆号 | 号码管 | 解释 |
|---|---|---|
| 黑色1 | P24 | 捕捉冲正极 |
| 黑色2 | COM | 捕捉冲负极 |
| 黑色3 | DL1 | 静捕器负极 |
| 黑色4 | 803 | 静捕器正极 |
| 黑色5 | 空 | |
| 黄绿色 | PE | 接地 |

**D14轿顶对讲电缆 2*0.75²**

| 电缆号 | 号码管 | 解释 |
|---|---|---|
| 黑色1 | DFA | 对讲机正极 |
| 黑色2 | DFB | 对讲机负极 |

**D15应急电源电缆 4*0.75²+1*1.5²**

| 电缆号 | 号码管 | 解释 |
|---|---|---|
| 黑色1 | 801 | 电话机正极 |
| 黑色2 | 802 | 电话机负极 |
| 黑色3 | 401 | 应急灯正极 |
| 黑色4 | 402 | 应急灯负极 |
| 黄绿色 | PE | 接地 |

**D16声光报警电缆 2*0.75²+1*1.5²**

| 电缆号 | 号码管 | 解释 |
|---|---|---|
| 黑色1 | COM | DC24V负极 |
| 黑色2 | DSG | 声光报警器 |
| 黄绿色 | PE | 接地 |

## 附录图 A-17　元件代号说明

### （一）

| 元件符号 | 元件说明 | 元件位置 | 备注 |
|---|---|---|---|
| ATT | 司机开关 | 操纵箱 | |
| AB | 警铃 | 轿顶 | |
| ALB | 警铃按钮 | 操纵箱 | |
| ACL | 电话接线箱 | 操纵箱 | |
| BR1 | 整流器 | 控制柜 | |
| BR | 抱闸 | 曳引机 | |
| BRF | 抱闸验证开关 | 曳引机 | 选用 |
| BUFS | 缓冲器开关 | 底坑 | |
| CC | 运行接触器 | 控制柜 | |
| CLL | 关门限位开关 | 轿顶 | |
| CICU | 操纵箱上行按钮组 | 操纵箱 | |
| CICD | 操纵箱下行按钮组 | 操纵箱 | |
| DTT | 上极限开关 | 井道 | |
| DJS | 下限位开关 | 井道 | |
| DI | 三级梯 | | |
| DOBS | 应急控制电源 | 控制柜 | |
| DPS | | | |
| DDH | 轿厢电话机 | | |
| EL1 | 底坑照明灯 | 底坑 | |
| EL2 | 轿顶照明灯 | 轿顶 | |
| EL3 | 轿内照明灯 | 轿内 | |
| EST1 | 控制柜急停开关 | 控制柜 | |
| EST2A | 底坑上急停开关 | 底坑 | |
| EST2B | 底坑下急停开关 | 底坑 | |
| EST3 | 轿顶急停开关 | 轿顶 | |
| EST4 | 轿内急停开关 | 轿内 | |
| FAN | 轿厢风扇 | 轿顶 | |
| FANS | 风扇开关 | | |
| FL | 应急灯 | | |
| FDH | 机房电话机 | | |
| FANI | 排风扇 | | |

### （二）

| 元件符号 | 元件说明 | 元件位置 | 备注 |
|---|---|---|---|
| GOV | 限速器开关 | 机房 | |
| GOV1 | 张紧轮开关 | 底坑 | |
| GATE | 厅门联锁 | 轿顶 | |
| HD0 | 轿厢防扒门锁 | 轿顶 | |
| TGDL | 紧急电动门锁 | 轿顶 | |
| INSM | 紧急电动开关 | 机房 | |
| INST | 检修转换开关 | 轿顶 | |
| JMS | 门锁继电器 | | |
| JSQ | 计数器 | | |
| JBZ | 楼层按钮组 | 控制柜 | |
| JAE | 节能继电器 | 控制柜 | 选用 |
| JDD | 紧急电动继电器 | 控制柜 | 选用 |
| KFS | 消防开关 | 轿顶 | |
| KD n | 下行召唤按钮组 | 层站 | |
| KU n | 上行召唤按钮组 | 层站 | |
| KOP | 开门按钮 | 操纵箱 | |
| KCL | 关门按钮 | 操纵箱 | |
| KZS | 直驶按钮 | 操纵箱 | |
| KSJ | 司机按钮 | 操纵箱 | |
| KN n | 内指令层按钮 | 操纵箱 | |
| KDH | 底坑电话机 | 底坑 | |
| LAMB | 轿顶照明开关 | 轿顶 | 选用 |
| LBS | 基站钥匙 | 层站 | |
| LUL | 上平层开关 | 轿顶 | |
| LDL | 下平层开关 | 轿顶 | |
| M | 电动机(曳引机/门机) | 机房/井道 | 门机在轿顶 |
| MC | 安全接触器 | 控制柜 | |
| MDK | 门区开关 | 轿顶 | |
| MCTC-MCB | 主控制电脑板 | 控制柜 | |
| MKCU | 机房上行按钮 | 轿顶 | |
| MKCD | 机房下行按钮 | 轿顶 | |
| NPR | 相间继电器 | 控制柜 | |
| NDH | 操纵箱电话机 | 操纵箱 | |
| NF1 | AC380V断路器 | 控制柜 | |
| NF2 | AC220V断路器 | 控制柜 | |
| NF3 | AC110V控制电源 | 控制柜 | |
| NF4 | DC110V断路器 | 控制柜 | |

### （三）

| 元件符号 | 元件说明 | 元件位置 | 备注 |
|---|---|---|---|
| NKJ | 轿厢照明断路器 | 机房 | |
| NK2 | 井道照明断路器 | 机房 | |
| OTB | 下极限开关 | 井道 | |
| OL | 超载开关 | 轿厢底部 | |
| OPL | 开门限位开关 | 轿顶 | |
| PG | 编码器 | 曳引机 | |
| PLU | 上减速开关 | 井道 | |
| PLD | 下减速开关 | 井道 | |
| PWS | 盘车开关 | 曳引机 | |
| RB2 | 电阻 | 控制柜 | |
| SPS | 开关电源 | 控制柜 | |
| SHL | 底坑照明开关 | 底坑 | |
| SET | 轿顶照明开关 | 轿顶 | |
| SK1 | 井道照明开关 | 机房 | |
| SK2 | 井道照明开关 | 井道 | |
| SCS | 关灯按钮开关 | 机房 | |
| SFD | 安全钳开关 | 轿顶 | |
| TR1 | 变压器 | 控制柜 | |
| ULS | 上限位开关 | 井道 | |
| VVVF-DOOR | 门机控制器 | 轿顶 | |
| XS1 | 底坑插座 | 底坑 | |
| XS2 | 轿顶插座 | 轿顶 | |
| YDH | 电话机 | 用户电话室 | |
| TICU | 轿顶上行按钮组 | 轿顶 | |
| TICD | 轿顶下行按钮组 | 轿顶 | |
| ZDR | 制动电阻 | 控制柜 | |
| HDDZ | 楼层显示器 | 轿顶 | |
| RDDS | 楼层显示器 | 轿顶层站 | |
| JST | 钢丝绳 | 控制柜 | |
| AD103 | 声光报警器 | 轿底 | |
| OPL | 开门限位开关 | 控制柜 | |
| CLL | 关门限位开关 | 控制柜 | |
| TISN | 轿厢检修转换开关 | 控制柜 | |
| INSC | 检修盒 | 操纵箱 | |
| SCB-AI | 电梯控制板 | 控制柜 | |
| MSPL | 门区磁感应器 | 控制柜 | |

### （四）

| 元件符号 | 元件说明 | 元件位置 | 备注 |
|---|---|---|---|
| G01 | 随行电缆 | 井道 | |
| G02 | 格栅电缆 | 机房 | |
| G03 | 照明回路电缆 | 机房 | |
| G04 | 限速器开关电缆 | 机房 | |
| G05 | 盘车电动开关电缆 | 机房 | |
| G06 | 夹绳器开关电缆 | 机房 | |
| G07 | 机房对讲电缆 | 机房 | |
| G10 | 井道显示电缆 | 井道 | |
| G11 | 井道底部电缆 | 井道 | |
| G12 | 井道门锁电缆 | 井道 | |
| G13 | 井道顶部电缆 | 井道 | |
| G14 | 井道楼层信号电缆 | 井道 | |
| G15 | 井道照明电缆 | 井道 | |
| F1A | 外呼分支电缆 | 井道 | |
| F2A | 门锁分支电缆 | 井道 | |
| F3A | 井道照明分支电缆 | 井道 | |
| F4A | 上减限位开关电缆 | 井道 | |
| F4B | 下减限位开关电缆 | 井道 | |
| F5A | 上限位开关电缆 | 底坑 | |
| F5B | 下限位开关电缆 | 底坑 | |
| F5C | 缓冲器开关电缆 | 底坑 | |
| F5D | 张紧轮开关电缆 | 底坑 | |
| F5E | 底坑检修盒电缆 | 底坑 | |
| F5F | 底坑急停开关电缆 | 底坑 | |
| F5G | 底坑照明电缆 | 底坑 | |
| D2A/B/C | 随行电缆 | 轿顶 | |
| D03 | 轿厢检修电缆 | 轿顶 | |
| D04 | 对讲电缆 | 轿顶 | |
| D05 | 安全部开关电缆 | 轿顶 | |
| D7A | 光幕电缆 | 轿厢 | |
| D8A | 门机电缆 | 轿厢 | |
| D9A | 轿门锁电缆 | 轿厢 | |
| D10 | 轿顶照明电缆 | 轿厢 | |
| D11 | 轿厢风扇电缆 | 轿厢 | |
| D12 | 轿厢超载电缆 | 轿厢 | |
| D13 | 列站对讲电缆 | 轿厢 | |
| D14 | 轿顶对讲电缆 | 轿厢 | |

元件代号说明

浙江亚龙教育装备股份有限公司

| 设计 | | 审核 | | 批准 | |
|---|---|---|---|---|---|
| 日期 | 2017.11.08 | 版本 | V2.2 | 页数 | 2 |
| | 1 | | | | 17—17 |

# 附录 B 《GB/T 10060—2001 电梯安装验收规范》规定的电气安全装置表

| 序号 | 章条 | 所检查的装置 |
|------|------|------------|
| 1 | 5.1.3.1.3 | 借助于断路接触器的主开关的控制 |
| 2 | 5.1.5.5 | 滑轮间的停止装置 |
| 3 | 5.1.12.1.2 | 检查手动紧急操作可拆装置的位置 |
| 4 | 5.2.2.5 | 检查检修门、井道安全门和检修活板门的关闭位置 |
| 5 | 5.2.3.2 a) | 检查轿门的锁紧 |
| 6 | 5.2.8.4 | 检查限速器绳的张紧 |
| 7 | 5.2.9.4 | 检查轿厢位置传递装置的张紧（减速检查装置） |
| 8 | 5.2.9.4 | 检查在减行程缓冲器情况下的减速状态 |
| 9 | 5.2.9.7 | 检查缓冲器恢复到正常伸长位置 |
| 10 | 5.2.10.1 | 底坑停止装置 |
| 11 | 5.3.1.1 b) | 检查机械装置的非工作位置 |
| 12 | 5.3.1.3 e) | 检查轿厢上 检查窗/门的锁闭位置 |
| 13 | 5.3.2.1 e) | 检查用钥匙开启进入底坑的门 |
| 14 | 5.3.2.1 f) | 检查机械装置的非工作位置 |
| 15 | 5.3.2.1 g) | 检查机械装置的工作位置 |
| 16 | 5.3.3.4 a) | 检查可缩回的平台的完全缩回位置 |
| 17 | 5.3.3.5 b) | 检查可移动的阻止装置的完全缩回位置 |
| 18 | 5.3.3.5 c) | 检查可移动的阻止装置的完全伸出位置 |
| 19 | 5.3.5.1 e) | 检查通道门的关闭位置 |
| 20 | 5.3.5.2 e) | 检查检修门的关闭位置 |
| 21 | 5.4.3.6 | 检查轿门的闭合位置 |
| 22 | 5.4.5.1 | 轿顶停止装置 |
| 23 | 5.4.6.3 | 检查轿厢安全窗和安全门锁紧 |
| 24 | 5.4.9.3 | 检查轿厢上行超速保护装置 |
| 25 | 5.5.1.1 | 检查两根绳或链悬挂时的非正常相对伸长 |

| 序号 | 章条 | 所检查的装置 |
|---|---|---|
| 26 | 5.5.2 | 检查补偿绳的张紧 |
| 27 | 5.5.2 | 检查防跳装置 |
| 28 | 5.6.3.3 | 检查层门的锁紧 |
| 29 | 5.6.3.7 | 检查层门的闭合位置 |
| 30 | 5.6.3.10 | 检查无锁门扇的闭合位置 |
| 31 | 5.9.1 | 检查平层和再平层 |
| 32 | 5.9.1 | 检查轿厢位置传递装置的张紧（平层和再平层） |
| 33 | 5.9.2.2 c) | 检修操作装置处的停止装置 |
| 34 | 5.9.4 | 对接操作轿厢运行的限制 |
| 35 | 5.9.4 | 对接操作的轿厢内停止装置 |
| 36 | 6.15 | 检查轿厢位置传递装置的张紧（极限开关） |
| 37 | 6.15 | 曳引驱动电梯的终端极限开关 |

# 参 考 文 献

[1] 李乃夫，陈传周．电梯实训 60 例 [M]．北京：机械工业出版社，2016．

[2] 李乃夫．电梯结构与原理 [M]．北京：机械工业出版社，2015．

[3] 冯志坚，李清海．电梯结构原理与安装维修 [M]．北京：机械工业出版社，2015．

[4] GB 7588—2003．电梯制造与安装安全规范 [S]．

[5] GB/T 7024—2008．电梯、自动扶梯、自动人行道术语 [S]．

[6] GB/T 10060—2011．电梯安装验收规范 [S]．